西方百年室内设计
(1850—1950)

A Century of Interior Design (1850—1950)

左琰 著

中国建筑工业出版社

图书在版编目（CIP）数据

西方百年室内设计（1850-1950）/ 左琰著 . —北京：中国建筑
工业出版社，2010（2020.9 重印）
ISBN 978-7-112-11673-7

Ⅰ . 西… Ⅱ . 左… Ⅲ . 室内装饰－设计－建筑史－西方
国家－1850-1950 Ⅳ .TU238-091

中国版本图书馆 CIP 数据核字（2009）第 227017 号

责任编辑：陈 桦 张 晶
责任设计：郑秋菊
责任校对：兰曼利 赵 颖

西方百年室内设计（1850-1950）
A Century of Interior Design (1850－1950)
左琰 著

*
中国建筑工业出版社出版、发行（北京海淀三里河路 9 号）
各地新华书店、建筑书店经销
北京雅盈中佳图文设计公司制版
临西县阅读时光印刷有限公司印刷
*
开本：787×1092 毫米 1/16 印张：$15\frac{1}{2}$ 字数：386 千字
2010 年 7 月第一版 2020 年 9 月第二次印刷
定价：89.00 元
ISBN 978-7-112-11673-7
 （36207）

序
Foreword

前往成都参加室内设计"地域化"主题年会的途中和会议间隙，我极有兴趣地阅读了左琰老师在给研究生讲课基础上写成的这部新作《西方百年室内设计（1850-1950)》。一个会议，一本书稿，看来是两件事，但是它们都对当前室内设计界任务繁重、疲于应付市场"刚性需求"、忽视设计品味这一历史文化"软件"的社会现象作出了有力的回应，论坛与书作在提高室内设计素养和文化内涵方面做了两件上佳的实事。

在众多讲述室内设计史的著作中，这本书具有作者的新视角，内容涵盖材料技术、人物事件、地域风格、流派特征、职业化进程以及女性设计师等多个方面，全文从章节选题、图文配置到作者对选题内容的评析都颇具新意，引人思考。

写书本来就是一件需要甘于寂寞又十分劳累的事，本书作者毕业后近二十年来的教学和学术研究过程中勤于耕耘，教学之余也经常写作，担任室内杂志的专栏主持，先后攻读了室内设计硕士和建筑历史博士，并到德国柏林学习深造，这些经历无疑为她的写作和研究打下了坚实的基础。

左琰老师的这本著作收集和整理了大量的文献资料，章节独立且考虑了内容的关联性与时间的排序，图文并茂，相信该书的出版和发行必将为回顾和了解近现代西方室内设计的历史沿革展开新的一页。

学习研读历史，才能把握现在，预测未来。

同济大学建筑城规学院　教授　博士生导师
中国建筑学会室内设计分会专家委员会主任

来增祥
2009 年 10 月于上海

前言
Preface

室内设计是人们生活中不可缺少的一部分，室内设计师是时代潮流和风尚的引领者。在书店，有关室内的书籍杂志总是占据着比较显眼的位置，它们包装精美，色彩缤纷。家居、酒店、餐饮等与生活美学和大众生活紧密相关的内容吸引着很多人的目光。不难发现，这些书籍杂志尽管受到热捧，却大都以图片取胜，缺乏像作品赏析、大师传记、历史评论等有思想底蕴的精神产品。殊不知正是这些精神食粮让我们学会独立思考，使我们了解更多设计背后的故事，从而建立起客观的价值判断标准，对于提升广大设计师特别是在校学生的设计素养意义重大，它们的缺失正是导致当今装饰奢华媚俗、内涵空洞的根本原因。

出于一种兴趣和责任，2002 年我与同事一起在学院合开了一门关于西方近现代室内设计史的课程，介绍和解读 19 世纪中叶以来欧美国家的室内设计发展潮流和经典作品，希望引发学生对艺术人文和社会的更多思考。2004 年课程调整后由我全面主持，教学内容仍然锁定在我之前讲授的那部分内容，即 19 世纪中叶到 20 世纪中叶这段风云变幻的百年室内设计史，本书便是根据这门课多年的讲义加以补充和完善的结果。

室内设计的范畴很难界定，它的历史涉及建筑史、艺术史、工业设计史、照明史、材料史等诸多领域，具有很强的学科交叉性。目前比较公认的西方室内史读本首推《世界室内设计史》，它以时间为轴，从人类史前时代的穴居跨越到 20 世纪末的现代摩天大楼，将世界范围内室内几千年庞杂交织的发展脉络作了梳理。而本书关注千年历史长河里的一段百年时光，这段跨越世纪的近代岁月书写着工业文明给人们带来的种种变化和遭遇，值得我们回顾和反思。在 19 世纪后 50 年里，工业技术的发展迅速改变了城市的面貌和人们的生活方式，这种转变不可阻挡地产生了复古保守势力和代表新兴生产力的进步思想之间的激烈交锋，并且首先在敏感的艺术和设计领域里体现出来。在这个动荡的百年里，艺术流派和设计运动纷纷涌现，建筑和室内因其整合了各种艺术形式而成为时代先锋们的最佳试验田。

　　本书的结构不同于常规的编年史方式，15 个议题从纷繁复杂的历史现象中被慎选出来独立成章，章节的排序考虑了时间性和内容的前后关联性。本书的研究建立在大量文献资料的收集和整理基础上，通过与建筑史、艺术史等成熟框架体系的比对及教学效果的反馈不断调整章节内容，最终这些议题犹如一段段历史切片被串联成一幅西方百年室内发展的历史图景。在章节安排上，本书超过四分之一的议题不可避免地与建筑史、设计史的内容重合，如工艺美术运动、新艺术运动、装饰艺术运动、包豪斯等，尽管大家主题相同，但本书研究的角度和侧重点却立足于室内设计，避免与其他历史涉及的内容雷同。在英美工艺美术运动章节中，除了补充莫里斯的内容外还增加了美国工艺美术运动的内容，对美国的代表人物斯蒂克利及其开创的教会风格作了详细的论述。有关新艺术运动的内容被划分成曲线与直线风格两章来谈，同时考虑到装饰艺术运动与室内的密切关系，侧重对运动发源地法国装饰艺术风格的描述，删去了美国装饰艺术建筑的内容。在对包豪斯的讲述上重点分析了三位校长的办学理念和初步课程的介绍，着眼于设计教学的目标和方法。

　　美学运动、杰出女性设计师、赖特的壁炉与餐厅、室内早期职业化进程等是本书首次提出的全新议题，它们将成为本书研究框架的有力支撑。美学运动的本质是和风设计，它是 19 世纪东风西渐的产物；女性设计师的历史成就一直以来被主流设计史所漠视，正视她们的成就和地位引发了对当今男权主义的抗争；赖特的壁炉情结带领我们走进他的精神世界，这是解读他住宅作品的一把钥匙。出现于 20 世纪初的第一代室内装饰师令人钦佩，她们凭借才华和勇气引领了这个产业在日后的崛起和兴旺。

　　对于身处 21 世纪的我们，在展望室内设计未来的同时需要停下脚步去回望曾经走过的历程，用一种客观、批判的眼光去审视过去，在历史明镜中去找寻自己的身影。以史为鉴，这正是本书的意图所在。

　　（本书为同济大学研究生规划教材，获同济大学教材、学术著作出版基金资助）

目 录
Contents

第1章 创意性复古
——维多利亚时期的住宅室内

Creative Revival—Interiors of Victorian Houses

我们现在必须考虑房屋所有的安排，而房屋的运作取决于各种各样的原动力——例如暖气与排烟、通风、灯光照明、冷热水供应、排水、传唤铃、传声道与升降设施等。房屋是否住起来舒适，在极大程度上取决于这些事物是否安排得宜。

——约翰·詹姆斯·史蒂文森 (Jahn James Stevenson)

《住宅建筑》(House Architecture) [1]

图1.1

图1.2

维多利亚时代是一个社会物资丰富的时代，是英国工业革命和大英帝国的鼎盛期。以英国维多利亚女王命名的艺术复兴风潮——"维多利亚风格"涉及建筑、室内、园林、环艺、家具、产品、平面等各个领域，是 19 世纪英美工业社会的真实写照。维多利亚时代鼓励创新，煤气灯或通风管等新的设备装置以一种老式、非机械性的"传统"方式被引入到室内，巧妙化解了传统与创新的矛盾。维多利亚风格折中了各种传统的主题与形式，不强求历史的正确性，实现了一种创意性复古。[2]

19 世纪工业技术的进步引发了政治、经济、文化等社会各个层面的巨大变化。一方面富裕的中产阶级与日俱增，他们拥有财富和名誉并希望通过提高居住品位来显示他们的身份和地位；另一方面工业革命使规模化生产成为可能，铁路建设的发展推动了运输业的繁荣，产品从生产、流通到消费实现规模化、便利化，大大提升了中产阶级对提高住居环境质量的兴趣和实力。1851 年英国伦敦的"水晶宫"博览会盛况空前，向全世界展示了各国工业革命的辉煌成就。作为第一次国际性展览，博览会除了品种繁多的工业产品和机械设备展出外，首次机器生产的家具、艺术品及装饰用品也包括在内，连同"水晶宫"建筑本身一同接受公众的评判。这次博览会开辟了一种全新的展示理念和生活方式，暗示出装饰品位可以通过机械生产为更多的普通民众所享有。

图 1.1　维多利亚风格的起居室，各种时期各种文化的装饰及摆件置放于一室，显得华贵且极富女性气息

图 1.2　1851 年伦敦首届世博会展馆——水晶宫由英国园艺师帕克斯顿设计，是现代化大规模工业生产技术的结晶

1.1 工业革命对室内的影响

1.1.1 新材料技术

19 世纪新材料、新技术的涌现大大促进了建筑业的发展。钢结构、玻璃、升降机、高压泵、卫生系统、供暖系统、电灯照明以及通信系统全面改进和提高了人们的生活质量。铸铁、钢、玻璃、水泥、混凝土、织物等建筑新材被运用于室内，室内环境第一次被大众赋予了新的意义和形象。

铸铁

15 世纪就已出现的铸铁在 19 世纪得到了广泛的使用，1860 年出现了纯度较高的纯铁材质，并在此基础上提炼成了钢。[3] 铸铁最初主要被应用于制造家具、设备、机械和武器方面，17 世纪被运用于栏杆扶手、屏风和装饰物等少量物品上，具有很高的收藏价值，非一般民众所使用。18 世纪铸铁被工程师广泛运用于铁路、桥梁、建筑屋顶与结构柱梁上，经历了从隐蔽到暴露的演变过程。1850 年轰动全球的旷世之作伦敦世博会"水晶宫"由英国园艺师帕克斯顿（Joseph Paxton，1803–1865）设计，共计用去铁柱 3300 根，铁梁 2300 根，创造了大规模生产的壮举。19 世纪后期钢材被广泛应用于建筑物上，柱距和建筑高度都较以往有所突破。

平板玻璃

法国在很长一段时间内主导着玻璃制造业，1680 年平板玻璃工艺在法国诞生，达到了近乎完美的全透明效果，被用于温室的窗扇以及凡尔赛宫镜宫内镜子的生产上。[4] 18 世纪玻璃技术的发展使玻璃质量趋于精细且尺寸渐大。19 世纪中期，大块平板玻璃的生产免去了窗梁和玻璃分隔，单巨构"水晶宫"一次性就用掉了 9.3 万 m^2 的平板玻璃，这种钢铁和玻璃结合的新型结构体系因水晶宫的成功而第一次引起公众的关注。之后玻璃产业以一股不可阻挡的势头迅速发展，到 20 世纪 50 和 60 年代出现了玻璃幕墙和玻璃住宅，室内也出现了玻璃门以及玻璃隔墙等。

混凝土

混凝土是影响 20 世纪室内的古老建筑材料，早在古罗马帝国时期混凝土的建造技术已经达到了相当高的水平，但直到 18 世纪晚期才被重新发现并得到推广。今天的混凝土是水泥（石灰石与黏土的混合物）、沙、碎石（骨料）和水的混合物，它具有天然石材的受压和抗压能力。钢筋混凝土也是古罗马建造业的一大辉煌成就，它被用来连接石材。19 世纪 50 和 60 年代英国和法国出现了把金属放入未凝结的混凝土内以提高混凝土强度的技术，后发展为将预应力钢筋放入混凝土以增强抗压和抗拉强度的做法，此方式成为 19 世纪末最常采用的建造方法。19 世纪 80 年代钢筋混凝土开始出现在美国和法国的建造业中，并在 20 世纪成为建造业最重要的建筑材料之一。

织物

室内离不开织物点缀，纺织业为我们带来了难以计数的室内装饰品、布织品。18 世纪纺织业在设备和生产工艺上发生了巨大的变化，这种转变成为工业革命一个重要的组成部分。织布机经过改良可以织出具有更加精细图案和肌理的面料——挂毯和锦缎，而地毯生产则通过法国大革命破除地方企业和行会定制的禁令后才得以发展。在水晶宫世博会期间，这些新式地毯铺满了大厅，绵延几英里长。

铝材和塑料

铝材和塑料在 20 世纪被设计师广泛采用。铝材最先应用于 1890 年，而塑料则在 1862 年首次出现，20 世纪 20 年代得到了第一次发展，真正普及是在二次大战后。

1.1.2　新设备技术

厨房设备

19 世纪炉灶的引入使壁炉烹调的方式成为过去。作为维多利亚时代厨房的心脏，炉灶分嵌入式和自由式，嵌入式炉灶以煤炭为燃料，用铸铁制成开放或封闭两种形式，有时一侧附带一个烤箱灶。嵌入式炉灶由于调节困难和安装费用昂贵很少得以保存，相反移动式炉灶因使用灵活而被推广，它可以连接管道安装到远离烟道的地方。19 世纪 70 年代炉灶趋于组合化，烹饪和热水相结合，后又出现了烹饪、烤箱、洗槽和橱柜组合起来的一体多用形式，大大方便了人们的使用需求。19 世纪 80 年代煤气炉被广泛使用，它们通常呈盒状，带有 2—4 个灶眼，其中一些附带热水箱。除了功能的不断完善外，煤气炉的外观装饰也带有历史复古风格，如洛可可复兴式的旋涡花饰、安妮女王式炉脚等，这些装饰很大程度上拉近了工业产品制造与家庭主妇审美之间的距离。

图1.3

图1.4

图 1.3　19 世纪 70 年代美国嵌入式炉灶，安装费用昂贵且难调节

图 1.4　19 世纪后期英国公司生产的煤气炉，上面有炉架和宽敞的烹调空间

卫浴设备

由于个人清洁和卫生受到限制，19 世纪早期前西欧还很少有独立的浴室，18 世纪室内喷泉和雨水蓄水池为厨房用水、洗涤和洗浴提供了水源，缓解了供水不足的问题。随着工业进步和社会文明程度的提高，人们迫切希望改善卫生条件以减少疾病威胁。1848 年英国推行了公共卫生法，住宅开始引入有效的污物处理系统，抽水马桶开始在英国普通家庭中普及。随着卫生条件的不断改善出现了家庭淋浴模式，原先的浴池和便携式浴盆被浴缸替代，洗澡成为上流社会的风尚和行为标准。美国自 1820 年出现给排水系统后，新奥尔良、辛辛那提和纽约紧随其后，在 19 世纪中期完成了排水管道的改造。浴缸、抽水马桶、厨房水槽开始普及到人们的日常生活中。

照明设备

从 19 世纪 50 年代到 19 世纪末，社会生活经历了从蜡烛、油灯、煤油灯到电灯时代的巨大变化。流体燃烧灯为 1850 年最先进的照明设施，后被煤气灯取代。灯罩和涤气器使灯光柔和，也减少了烟雾。煤油灯技术成熟于 19 世纪 50 年代，它无须安装复杂昂贵的煤气管道。19 世纪晚期制造的煤油灯、煤气灯多为金属制造，有枝形大吊灯、壁灯和结合楼梯望柱的设计，配合镀金工艺、水晶流苏、洛可可或文艺复兴装饰，尽显奢侈华贵。

1879 年爱迪生发明的电灯为世界开创了一个新的照明时代，新型人工光源的问世标志着之前不稳定、不可靠的燃料向安全价廉、清洁高效的电力能源转变，为建筑及室内照明带来了广阔的前景。

1.1.3　房间专门化

随着人们对私密性、舒适性与便利性要求的不断增加，越来越多的新富家庭和有权阶层将用餐空间、卫浴空间及卧室从其他房间中分离出来，使每个房间的用途趋于单一，也使空间较以往更紧凑宜人。在 1870 年以前英国人洗澡都在卧室或更衣室进行，通常由仆人搬进装满热水的浴盆以供主人使用，身体部分浸入的坐浴是一种受欢迎的方式，而移动式淋浴间则是在浴室临时支起一个顶部带有水槽的"帐篷式"装置，通过泻倒高处积水达到冲洗的目的。19 世纪 50 和 60 年代浴室和厕所走进了美国建筑，之前它们仅限于一些有钱的私人住宅享用。在最初的时代，浴缸、洗手盆、抽水马桶并非置于同一房间，也不相互靠近，直到世纪之交浴室才成为专门房间以满足人们的日常卫生需要。由于第一代浴室由原先的卧室转变而成，它们一般较为宽敞，装修上与其他房间相同，采用常见的木饰镶板、墙纸、窗帘及地毯，设置壁炉、浴缸、马桶、脸盆架、毛巾架、小边柜等卫浴设施各自分开独立。19 世纪 80 年代浴室家具被一些更为简洁和卫生的白色家具替代并与墙面固定，墙面则贴以大理石或易清洁的瓷砖、墙纸，突出了浴室的功能性。到了世纪末，浴室空间更为小巧且注重实效。

1.2　维多利亚住家装饰风格

　　复兴历史上各种建筑样式在维多利亚时期成为一种社会风尚，在 1914 年前建成的英国住宅几乎有三分之一为维多利亚风格。新兴的富商和资产阶级渴望贵族化生活，他们对风格的准确性没有兴趣，却热衷于将历史上文艺复兴式、罗曼式、都铎式、伊丽莎白式或意大利风格等多种历史元素混合运用，并融入更多新型材料和时代特征。哥特复兴样式在英国备受推崇，美国在这一时期则形成了 8 种不同的风格，如早期的哥特复兴式、意大利文艺复兴式，19 世纪 60 和 70 年代的粘贴式，后期的安妮女王风格、理查德森罗曼式及殖民复兴式等。此外埃及风格、东方异域风格、瑞士山地木屋风格也融入其中，构成了一个充满折中主义色彩的家居形象。

门廊
　　古典复兴式门廊和彩色玻璃木嵌板大门是维多利亚时期中产阶级住宅前门的典型代表，它是住户身份的象征。房门的厚度、质量和装饰度由房间的重要程度设定。通常住宅中最重要的房门厚达 7.5cm，并带有大面积的嵌板和线脚，最普通的房门则不足 2.5cm，嵌板上无任何装饰。

内墙
　　会客厅、书房和餐厅的墙面一般采用橡木或松木制成的嵌板墙和浅浮雕墙纸，丝绸、锦缎则运用在一些更为豪华的房间中。嵌板和墙纸的图案丰富多彩，嵌板有葵花等动植物雕刻，墙纸为仿大理石、各种花卉等。

图1.5

图1.6

图 1.5　早期住宅流行的哥特式门廊，中央为彩色玻璃木嵌板大门

图 1.6　檐壁饰带、天花板和模板镂花图案，选自英国设计师克里斯托弗·德雷泽（Christopher Dresser，1834—1904）1879 年出版的《装饰设计原理》一书

图1.7

图1.8

图1.7　各种花卉纹样，原用于铸铁饰物，也适用于石膏浮雕装饰吊顶

图1.8　1910年伦敦某公司提供的六种仿镶木地板和地毯的样品

石膏装饰平顶

维多利亚时期装饰性顶棚深受人们喜欢，大型住宅中的顶棚为石膏提供了大量机会，带有线脚的石膏装饰平顶成为维多利亚时期住宅室内的一大特色。1856年纤维石膏板的发明使大面积预制的石膏板可以在厂里预先浇铸装饰线脚并现场安装。石膏浮雕造型各异，精细的垂花、花卉以及结彩等为空间增添了不少古典气息。石膏制成的玫瑰、圆形大浮雕从新古典时代一直延续下来，运用于各种不同复兴风格的住宅中。

地面

19世纪一般普通住宅使用未经修饰和漂白的平松木地板，并用块毯覆盖作为点缀，裸露部分用蜂蜡和松脂抛光。1850年后更多住宅采用镶木地板，不同色泽的小块硬木拼铺成几何图案，使地板呈现不同的装饰效果和视觉肌理。耐磨易洁且装饰感强的釉面瓷砖、地砖被广泛运用于入口门厅、过厅、浴室和室外楼梯中。地毯常用于整个住宅中最好的房间，色泽和图案在早期为洛可可复兴和自然主义风格，后期则倾向于东方主题，19世纪末单色地毯问世。

壁炉

作为维多利亚住宅不可或缺的重要部分，几乎每个房间都有壁炉。重要房间中的壁炉外框为传统大理石板，较小或次要的房间则采用抛光上漆的木质镶板。作为室内重要设施，英国实行新的壁炉规范，规定铸铁通风装置、炉床、炉壁和内炉框须整体浇铸，避免了烟囱起火的隐患，也使空气供给通过节气阀得到控制。配合壁炉的装饰架、坐椅以及各种艺术品构成了一个复杂的整体，成为那时期房间的视觉焦点。

楼梯

楼梯在维多利亚时代经历了不断演变的过程。19世纪中期中央楼梯间较为典型，之后格局和造型趋于自由，通常设置在前门附近成不对称布局，且靠近主客厅。哥特式和意大利文艺复兴式住宅中的楼梯造型较为简洁，早期的楼梯由松木等软木制成踏板和栏杆，中晚期出现了精细而复杂的扶手转角和栏杆立柱等工业成品，木质扶手也改为纹理更密实细腻的桃花心木或橡木。美国维多利亚时代晚期，楼梯随着楼梯间和客厅的结合而成为设计的焦点。各种风格的楼梯在梯段长度、休息平台数量及栏杆、垂饰上均有所不同，安妮女王式的栏杆立柱常采用玫瑰形圆饰，而意大利风格的栏杆则有带形基座。为保护踏面和显示主人身份的尊贵，楼梯上常铺设地毯或地垫，楼梯间常用天窗照明，图案精美的彩色玻璃起到采光和装饰的双重作用。

木工制品

安妮女王风格和粘贴式风格盛行时期，木工制品被疯狂地制成各种形式的预制构件。大量的哥特式元素被运用在木工制作中，另一些以欧洲石材为原形，通过锯割、刨平、挖槽、穿孔和上漆后成为一件件比手工更为精细廉价的装饰成品。美国基于丰富的木材资源和全国专业锯木场的发展，室外木工装饰有了长足的发展。橡木被使用在进户总门上，耐久却较昂贵，价格略低的软性松木易加工成各种线脚和造型，通过加压和防腐处理以抵御恶劣气候的侵袭。

金属制品

大批量生产的金属制品是居家生活中不可缺少的部分，如窗框、房门与家具五金件、设备管道、水龙头等。19 世纪中期制造商们已熟练掌握五金件生产工艺，将白铁、黄铜、青铜等多种金属通过浇模、锻轧、挤压、抛光等多道工序打造完成。铸铁的散热片、通风装置、排水管道以及出屋面的通风帽等都被赋予了精细的装饰。1870–1880 年由锻铁和铸铁制成的

图 1.9　美国波士顿一座建于 1877–1879 年的文艺复兴式楼梯

图 1.10　精美价廉的机制松木栏杆立柱广泛使用于维多利亚后期的住宅中

图1.9

图1.10

花园栏杆、住宅屋顶装饰甚至凉亭越来越普及，它们质量高，细部丰富，价格较手工低廉。

纺织品

维多利亚时期的纺织品强调浓重艳丽的形式，辫带、须边和流苏等点缀物使窗帘和帷幔愈发富贵和显赫，地毯常用织布机编织出树叶、花卉、卷涡及阿拉伯纹样，墙纸为机器印制，图案有几何形、花卉、风景以及一些东方主题等，配有丰富的装饰腰线，边缘以蛋、箭或希腊建筑线脚收边，精致特别。

卫浴设备

最初的浴缸是工匠用铅、铜或锌打造而成，19世纪70年代英国生产出第一批搪瓷浴缸，为了与浴室环境协调，将其置于木镶板内。排污系统的完善促进了新一代抽水马桶的使用，1885年伦敦一家公司的专利马桶改良

图1.11 以玫瑰花和叶饰为主题的铅条镶嵌彩色玻璃窗，高度为130cm

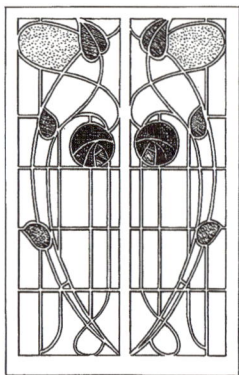

图1.12 两款精致的学院派窗帘，左边为悬垂式，右边为奥地利式

图1.11　　　　　图1.12

图1.13 1910年前后出现的舒适性卫浴设备

图1.14 淋浴和盆浴相结合的豪华组合浴盆，红木镶嵌，浴盆旁可放置沐浴用品

图1.13　　　　　图1.14

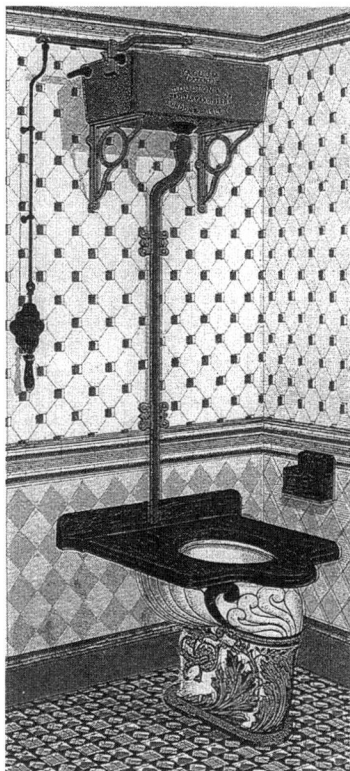

图1.15

图1.16

图1.15 1885 年伦敦道尔顿公司出品的一款马桶，此款抽水马桶由悬置于头顶上方的铸铁蓄水箱和釉彩陶瓷坐桶组成，坐垫为漆木板，可选择拉绳或抬起坐垫板两种方法操作冲水

图1.16 19 世纪后期装饰性的铸铁框架陶瓷洗脸盆，水龙头为杠杆式，英国曼纽尔父子公司出品

了早期低效的冲水技术，其悬置于头顶上方的蓄水箱可通过铁链拉绳或抬起坐垫板的方式操控冲水，同时 s 形弯管也有效阻止了卫生间一贯的难闻气味。19 世纪 90 年代可冲洗水箱和虹吸装置的完成使抽水技术达到了完美的程度。洗脸盆分立式和台式两种，多为大理石或陶瓷材质，与主供水管相连。水龙头形式考究，抛光黄铜制成，多为杠杆式造型。

色彩

维多利亚时代早期使用了明亮强烈的色彩，暗深的棕色、橄榄绿和淡紫色在晚期被认为更具品位。

内嵌式固定家具

问世于 19 世纪初的内嵌式橱柜是美国的一项设计创举，它包括卧室衣柜、厨房碗柜、工具柜及储藏间等，在 19 世纪最后十年，内嵌式固定家具才开始在美国家庭中普及。衣帽间设于正门旁，收纳扫帚等清洁用具的小间紧靠厨房，药物柜设于浴室，方便休息和更衣的带柜高背长椅设于客厅与楼梯间的结合处，壁炉旁设置舒适温暖的嵌式长凳，19 世纪 70 年代，许多中产阶级家庭将壁橱作为图书室的嵌墙式书架。

非固定家具

19 世纪 20 和 30 年代社会的变革促使以往贵族化家具风格朝着简洁亲民的方向发展。1850–1870 年,大众品位逐渐转向更为浪漫的洛可可复兴式。

图1.17 伦敦和西北铁路
公司为维多利亚女王所造的
皇家车厢内景，为典型的维
多利亚风格

这些家具有着18世纪法国的卷涡状线条和水果、花卉等自然题材的造型，桃花心木、玫瑰木和黑胡桃木被漆成深色，并用镀金和石材来点缀，如树叶状的抽屉把手、蜿蜒不平的外表面、圆弧状的顶部和转角以及弯曲的椅腿等。到了维多利亚晚期，为突出尊贵华丽，诸多家具尺度偏大，装饰繁重，出现了曲线复杂配有褶皱或卷涡的雕饰框架，外覆图案明艳的织物包面，有些坐垫内衬弹簧，使座面饱满而富弹性。

　　跨越半个世纪的维多利亚时代并没有随着维多利亚女王的去世而结束，它的影响力一直持续到一战结束。维多利亚时代是处于工业社会巨变中的19世纪，是一场经历工业革命之后的文化反刍，以折中古典为其根本，有它积极和消极的两面性。一方面它接纳了技术革命所带来的种种新的生活方式和审美理念，同时它因迎合中产阶级口味的奢华本性导致了人们盲目追求繁复的图案装饰而缺乏美感和实用性，致使大量华而不实、粗糙低俗的产品充斥市场，阻碍了时代前进的脚步。如今，维多利亚风格再次被生活在现代科技生活中的人们所关注，前者的夸张矫饰与后者的冰冷严肃形成了强烈的反差，引发了更多关于古典美学和机械美学在现代社会中角色和意义的比较和反省。

注释

1 （美）威托德·黎辛斯基.金屋、银屋、茅草屋——人类营造舒适家居生活简史.
谭天译.天津：天津大学出版社，2007：133.

2 历史学家将 19 世纪并存的两大流派——创意性复古（Creative Revival）和历史性
复古（Historical Revival）作了区分。前者将各种历史风格加以自由融合，不在意
历史的正确性，如新哥特式和安妮女王式；而后者以学术历史研究为依据，忠实
模拟和再现一种特定历史风格和时代习俗，如 19 世纪 70 年代的殖民地风格。引
自（美）威托德·黎辛斯基等.金屋、银屋、茅草屋——人类营造舒适家居生活
简史.谭天译.天津：天津大学出版社，2007：189.

3 生铁（又称铸铁 cast iron）一般指含碳量在 2%-4.3% 的铁的合金，硬而脆，几
乎没有塑性，故它可铸不可锻。含碳量小于 0.1% 的叫熟铁或纯铁（又叫锻铁
wrought iron），韧性好，具有延展性，可以拉成丝，容易锻造和焊接。含量在
0.2%-1.7% 的叫钢。

4 镜宫（1678-1684）成为玻璃技术的里程碑，是体现西方文明的众多房间之一。

第 2 章

19 世纪晚期大型公共室内空间

Great Cast-Iron Architecture for Public Use in the Late 19th Century

艺术不像工业有突飞猛进的发展，因此今天大多数铁路的服务建筑都或多或少地存在着有待改进之处。有些车站布置比较合理，但具有工业或临时建筑的特点，不像一个公共建筑。

——列昂斯·雷诺（Léonce Reynaud）[1]

　　19 世纪是工业技术突飞猛进的时代，铁的制造与应用在 19 世纪得到了空前的发展。铁板梁在铁路和大桥建设上发挥了巨大的作用，铸铁和熟铁的梁轨跨度不断提高，铁轨断面最终演化成标准的工字形梁而被广泛采用。机器、铁路、轮船和桥梁的建设大大促进了城市化的进程，从中衍生出一批新兴的公共建筑类型——火车站、百货商店、会展建筑、室内市场、股票交易所、巨构厂房等，它们的建造与发展依托于钢铁、玻璃等材料与技术水平的进步，其中以 19 世纪中期伦敦"水晶宫"为典范。铸铁、熟铁的大梁和模数制玻璃窗组成室内市场、展览大厅、拱廊街等市区商业中心快速预制和建造的标准配套技术，大大降低了对木梁、石材及砖墙的依赖。随着钢铁技术的不断进步和完善，公共建筑及其室内环境也不断从传统模式的禁锢中解放出来，最终向 20 世纪现代主义迈进。

2.1　交通集散空间

　　火车站是工业革命的产物，是建筑和工程技术相结合的统一体。19 世纪后期，铁路交通业的繁荣和发展促使火车站的大量兴建，伦敦、巴黎、纽约等国际大城市为解决人口密集导致的交通运输问题，采用先进的铸铁和玻璃工艺在市中心相继建造了大跨度火车站棚，为旅客提供了实用美观的公共集散空间。

2.1.1　伦敦帕丁顿火车站 (Paddington Station，1852—1854)

　　伦敦帕丁顿火车站为伦敦长途火车总站，也承担短途往返于伦敦西部和泰晤士流域的运输服务。玻璃顶棚长 213m，由 3 跨分别为 21m、31m 和 21m 的熟铁拱券支撑，屋架由两个十字形拱将 3 跨连接起来，提供车站铁轨间的货车传送。1906—1915 年车站扩建，北面增添了跨度为 33m（109 英尺）的拱顶，与其他 3 个拱平行且风格相似，细部上没有再采纳早先十字形铁拱样式。

图 2.1　建于 1855—1860 年的伦敦帕丁顿火车站

2.1.2　巴黎中央火车站（现为奥塞美术馆，1898—1900）

　　巴黎中央火车站位于塞纳河左岸，19 世纪中叶，这里曾是当年行政法院和皇家审计院所在地，1789 年法国大革命时被毁。1898 年巴黎奥尔良铁路公司向国家买下这块地，为即将举办的 1900 年巴黎世博会修建大型火车站，得到了当年法国总统蓬皮杜的首肯和支持。奥塞火车站在原奥塞宫殿

图2.2

图2.3

图2.2 建于1898-1900年，原巴黎中央火车站于20世纪80年代改为奥塞美术馆

图2.3 奥塞美术馆保留了原火车站的大铸铁钟

图2.4 建于1905-1910年的纽约宾夕法尼亚火车站

图2.3

遗址上建造起来，尽管建筑使用了大量铸铁和玻璃材料，但外观仍为巴黎美术学院风行的巴洛克风格。巴黎中央火车站在闲置多年后于20世纪80年代被改建为美术馆，展出1848-1914年期间欧洲经典的绘画。改建后的美术馆长140m，宽40m，展厅和陈列室共80个，馆顶使用了3.5万 m^2 的玻璃顶棚，实用面积达5.7万 m^2，展览面积为4.7万 m^2。

2.1.3 纽约宾夕法尼亚火车站 (1905-1910)

纽约宾夕法尼亚火车站有着短暂而辉煌的历史，它不仅是当时世界上最宏大的火车站，也是20世纪早期规模最大的工程之一。1890-1900年间纽约城市人口较以往激增了38%，这导致了这个超大尺度火车站的规划和建造。宾夕法尼亚火车站是巴黎美院的装饰美学与最新铸铁技术完美的结合，共设21个站台，除宽敞舒适的男女候车室外，还配备了周到的服务设施，如158个饮用水喷头、遍布车站的自动售货机、乘客与行李的专用电梯以及备有毛巾和侍者的卫生间等。整个车站占地8英亩（约3.2万 m^2），跨越5个大型街区，建造中拆除了几百栋住宅楼近300万 m^3 材料，使用了1700万吨砖、2.7万吨结构用钢、8万平方英尺（约7440 m^2）的玻璃，外立面则用去550万立方英尺（15.57万 m^3）的花岗岩。

遗憾的是宾夕法尼亚火车站因地价上涨而于1963-1966年间被拆除，在原址上建起综合性商业设施麦迪逊广场花园，成为建筑史上最痛心最黑暗的一刻。

2.2　大型会展空间

　　自 1851 年伦敦"水晶宫"的成功亮相后，会展建筑得到了迅猛的发展，各国列强通过举办国际博览会来展示各国的综合国力。从玻璃暖房得到灵感的"水晶宫"以大跨度钢铁构件加玻璃幕墙成为大型会展建筑的范式，被日后的国际展会纷纷效仿。由于这类建筑没有过多涉及文脉问题，因此创造结构美感的工程师常处于主导地位。"水晶宫"从设计构思、制作、运输、建造到拆除是一个完整的建筑工程体系，和车站建筑一样，它具有高度的工业化装配特点。作为欧洲工业强国的法国不甘示弱，在 1855—1900 年间先后举办了五次规模较大的世博会，以期体现国家的现代化和工业实力。其中最为注目和成功的是 1889 年巴黎世博会，在那届展会上诞生了两个 19 世纪最重要的铸铁建筑物：高达 300m 的世界第一高塔——埃菲尔铁塔和有着皇家尺度的超大型会展建筑——世博会机械馆（Palais des Machines），它们恢弘的气势和精湛的工程技术在博览会上引起了极大轰动。

　　以展示各国最新工业技术和机器设备的机械馆作为 1889 年世博会的核心展馆其本身也是一部"展出的机器"，它占地 74hm^2，结构沿袭了以往巴黎大型展馆的样式，由 5 个长 420m、宽 110m 的长廊并排相连而成，是力学和美学完美结合的典范。展馆采用大跨度结构，确保最大限度地降低对原基地条件的依赖，每个巨型铸铁构架在其基础和顶部都用三铰链相接，便于应对金属件因外界温度变化而引起的热胀冷缩。机械馆的玻璃幕墙气势磅礴，能够抵御强大的风荷载，竖向由隐去深度的轻质弓形构架拉结，构架之间填充纹样丰富的彩绘玻璃，图案具有巴黎美院的风格。为配合机械馆的宏伟气势，展馆入口设置了一个圆形大

图 2.5　1889 年巴黎世博会机械馆布展后的室内，前方为英国展区

图 2.6　机械馆局部外观立面，摄于 1909 年拆除前

图2.5

图2.6

图 2.7　机械馆入口立面，彩色钢铁骨架（黄色和粉红相间）与法国同期的蓝灰主调形成对比

门廊，由 4 根 22m 高的大铁柱支撑起一个直径为 25.7m 的穹窿形彩绘玻璃顶棚，展厅沿中轴两侧布置夹层展区，中央设有高架轨道和活动平台。展馆外部两侧受法国建筑理论家维奥莱·勒·杜克（Eugène Emmanuel Viollet-le-Duc，1814—1897）的影响，由一系列尺度较小带有中世纪风格的铸铁结构连接。机械馆全部铸铁构架由工厂预制后运送到现场组装，可惜的是这个堪称 19 世纪最伟大的铸铁建筑作为临时建筑于 1909 年予以拆除，而同期建造的埃菲尔铁塔则幸运地被保留下来，成为法国工业化的象征。

2.3　文化艺术空间

19 世纪后期铸铁技术在博物馆、图书馆、剧院礼堂等公共建筑结构中得到了谨慎的运用，而建筑外观仍保留以砖石为主的历史复兴样式，迪恩和伍德沃德建筑事务所（Deane & Woodward）设计的牛津大学自然历史博物馆（1855—1860）就是一个例子。博物馆立面为哥特复兴式，而室内结构与中央大厅采光顶棚则采用了铸铁柱和玻璃铁棚架，裸露的钢铁骨架正好和博物馆所陈列的恐龙骨骼形成有趣的对应。这一时期诸多建筑师包括法国的亨利·拉布鲁斯特（Henri Labrouste，1801—1875）和美国的路易斯·沙利文（louis Sullivan，1856—1924）在他们的设计创作中都有过这方面积极的探索和尝试。

2.3.1　巴黎国家图书馆 (Bibliothèque Nationale，Paris，1868—1869)

拉布鲁斯特在设计巴黎国家图书馆之前曾于 1840 年设计了巴黎圣热纳维耶夫图书馆（Bibliothèque Sainte-Geneviève，1843—1850），[2] 这是他设计

生涯的第一个主要作品。阅览大厅中带有装饰细部的铁拱券和细高铁柱排列有序，气势宏伟，这种将新古典主义语汇与铸铁框架体系结合的做法突破了巴黎美术学院一贯的美学模式，在其后的国家图书馆大阅览室和书库中得到了进一步发展。

　　拉布鲁斯特在 1930—1956 年间领导了巴黎最重要的建筑设计室，他将希腊建筑的精神重新注入 19 世纪的建筑中。国家图书馆以 1785 年马萨林宫的图书馆为基础进行扩造，大阅览室由 16 根铸铁柱支撑起 9 个相互连接的穹窿顶，每个穹窿顶中央都有圆形天窗，为大阅览室提供充足

图2.8

图 2.8　建于 1855 年的牛津大学自然历史博物馆为哥特复兴式，中央大厅裸露的钢铁骨架与博物馆陈列的恐龙骨骼形成有趣的呼应

图 2.9　巴黎圣热纳维耶夫图书馆，拉布鲁斯特设计，1840 年，图书馆的主阅览室采用全铁结构系统，为铁架结构最早应用于建筑的实例之一

图 2.10　巴黎国家图书馆大阅览厅，拉布鲁斯特设计，1868 年

图2.9

图2.10

图 2.11　巴黎国家图书馆
多层铸铁框架书库

的光线。书库被设计成一个顶部采光的铁框架体系，开敞的铁制书架、铁栅楼梯以及玻璃墙将光线从屋顶导向底层，这种重功能轻装饰的做法和它所隐含的美学原则在 20 世纪构成主义中才得以真正体现。

2.3.2　布鲁塞尔人民礼堂（Maison du Peuple, Brussel, Belgium, 1895-1898）

　　布鲁塞尔人民礼堂是比利时工人社会党的活动场地，是本土建筑师维克多·霍塔（Victor Horta，1861-1947）事业中最具原创性的晚期作品。人民礼堂由一个复杂的立面体和适宜于斜坡场地的凹形平面构成，外立面采用当地的砖石加上铁件、玻璃，显得庄严凝重。礼堂所有空间包括办公、会议、演讲和餐厅都光线充足，空间弹性分隔以满足党内各种活动需要。最为壮观的活动大厅暴露出铸铁桁架体系，它们和舞台两侧包厢的铁栏杆一起装饰着植物纹样的曲线。铁的延展性被充分挖掘并巧妙地与新哥特风融合成为霍塔设计的一大特色，布鲁塞尔人民礼堂和奥托·瓦格纳的奥地利邮政储蓄银行一样成为现代建筑的先驱作品。

图 2.12　布鲁塞尔人民礼堂外观，霍塔 1895 年设计

图 2.13　布鲁塞尔人民礼堂室内

图2.12

图2.13

2.3.3　芝加哥大会堂（The Auditorium Building，1886）

芝加哥大会堂是芝加哥当年最高的建筑，由阿德勒和沙利文建筑事务所（Adler & Sullivan）合作完成，在芝加哥文化和建造技术方面堪称典范。作为一个功能综合体，该会堂包括一幢有着世界顶级声学效果的大型剧院、两侧 11 层高的办公与旅馆建筑。大会堂的外观精致而富有节奏，颇有意大利宫殿的风范。作为最后一批建筑师兼工程师的丹克马·阿德勒（Dankmar Adler，1844—1900）将整个建筑设置在重型砌体加铁结构的框架内，底部巧妙铺设道碴以弥补基础的差异沉降，同时对大厅空调、钢桁架、旋转舞台以及歌剧院和旅馆前厅等方面进行了细致的推敲。为了满足剧院大厅不同的使用要求，阿德勒采用了折叠式翻板天花和垂直幕帘，将座位数从音乐会的 2500 座增设到集会时的 7000 座。

图2.14

图2.15

沙利文设计的大礼堂有着近乎完美的声学效果：一系列同心椭圆拱将声音从前台扩散到整个观众厅，数不清的白炽灯泡点缀并加强了有着浮雕装饰表面的椭圆拱意象，令人震撼。剧院非常注重对采暖、降温和通风的考虑，新鲜空气从建筑顶部吸入，后由一台 3m 直径的风扇压入大厅、舞台、前厅、化妆室等各个部位，气流从舞台向外、从顶棚向下散开，最后从设置在座位过道踏步竖板的孔道回流至排风机，整个送风过程也起到了净化空气的作用。

图 2.14　芝加哥大会堂室内由沙利文设计，1886 年

图 2.15　阿德勒采用折叠式隔板设计，使座位数从音乐会的 2500 座扩大到集会时的 7000 座

2.4　商业集市空间

大型室内市场、百货商店、拱廊街等新兴空间是 19 世纪商业经济社会的产物，它们大都发端于法国，这与法国繁荣的商业环境与领先的建筑工程技术密不可分。法国政府设立的"中央公共工程学院"在 19 世纪培养出

相当数量的结构工程师和机械工程师，对促进法国建筑技术的发展起到重要的作用。

2.4.1 大型室内市场

维克多·巴塔德（Victor Baltard，1805-1974）在 1854-1866 年间负责巴黎城市扩建规划中食品批发市场（Les Halles Centrales）的建设。建筑师用钢铁和玻璃设计了一个超级玻璃大棚，将许多小市场串联起来，形成了纵横交错的购物内街，总面积达到 50000m²，成为当时世界上最大的室内商业市场，被称为〝巴黎之胃〞。而拱廊街作为 19 世纪一种典型的公共建筑是百货商店的前身，高档家具、时装、流行艺术、影院、咖啡馆等多元功能的组合使拱廊街成为巴黎乃至世界经济时尚的风向标。

图 2.16 巴黎中央室内市场由巴塔德设计（1854-1866），总面积达到 50000m²，成为当时世界上最大的室内商业市场

2.4.2 拱廊街

意大利米兰埃马努埃莱拱廊街（Galleria Vittorio Emanuele，1865-1867）

在 1861 年意大利政权统一及 1870 年罗马重被定为首都，引发了高涨的民族主义热情，兴起了新文艺复兴风格。自米兰埃马努埃莱拱廊街兴建后，类似的商业模式很快被意大利各地效仿。埃马努埃莱拱廊街于 1864 年开展设计竞赛，最后由朱塞佩·门戈尼（Giuseppe Mengoni，1829-1877）夺标，为巴洛克复兴的新古典主义风格。该拱廊街由两条交叉的街道呈十字形平面布局，中央交叉点为八角形穹顶，南北轴长 192m，拱形顶棚高达 47m，由铁和弧形玻璃组成。内街为石材立面，有男像柱、女像柱以及新文艺复兴风格的抹灰装饰物。穹窿对应的八角形地面 1966 年用意大利风格的罕见石材马赛克完好修复。嵌饰的马赛克长廊和 49m 高的八角形穹顶在交叉口处高高耸起，代表了 1848 年民族主义革命胜利后国家和宗教的第一次联合。

1877 年拱廊南端增设了凯旋门，使歌剧院和大教堂之间的城市连接有了终结。

图 2.17　米兰埃马努埃莱拱廊街，门戈尼 1865 年设计

图 2.18　那不勒斯拱廊街

美国克利夫兰拱廊街 (Cleveland Arcade, Cleveland, Ohio, 1888—1890)

　　克利夫兰拱廊街是美国城市保留至今的少数 19 世纪末建筑之一，是时代快速发展中建筑技术和材料进步的一个缩影。克利夫兰拱廊街模仿米兰的拱廊街模式，由 2 个高达 30m 的 9 层办公塔楼及一个由玻璃和铸铁骨架构成、顶棚采光的 5 层巨大商业内街组成。商业内街逐层向上退级，出现退阶式阳台，1800 块玻璃组成的采光顶棚跨度为 100m。这个 19 世纪的商

图2.19

图2.20

图2.19　美国克利夫兰拱廊街，1888 年设计建造，2001 年修复改造为凯悦摄政酒店商场

图2.20　怪兽状滴水嘴，克利夫兰拱廊街玻璃顶棚装饰构件

业建筑类型成为当今大型购物中心的雏形。克利夫兰拱廊街的结构承力有以下几个特点：

（1）两侧塔楼中央进口处使用了承重墙。

（2）底层上部的石材立面由附设在钢柱上的托架承重，遵循了早些年芝加哥摩天大楼的结构受力原则。

（3）屋架和楼板由铸铁骨架、钢梁和橡木承力，作为新形式的玻璃顶棚与建筑主体通过铰链连接，内街中厅层层退阶且明亮开阔，金属结构和怪兽状滴水嘴等装饰构件暴露无遗。

克利夫兰拱廊街内部于 1920 年作了修复，其中大楼梯和街道立面为 20 世纪 20 年代盛行的装饰艺术风格。1975 年该拱廊街成为全市第一个国家级历史保护地段，摆脱了被短视开发商拆除的威胁。2001 年克利夫兰拱廊街功能转型为凯悦摄政酒店，一层和二层内街改建为零售店和食街向公众开放。

2.5　金融办公空间

2.5.1　阿姆斯特丹证券交易所（Stock Exchange, Amsterdam, 1898–1903）

19 世纪晚期，工业经济的发展带动了欧美金融业的繁荣，许多银行大楼、证券交易所、办公楼等纷纷建造起来，作为现代商品经济制度的创造者，荷兰人将银行、证券交易所、信用投资公司有机地统一成一个相互贯通的金融商业体系，并成立了世界上第一个股票交易所——阿姆斯特丹证券交易所。该证券交易所由当时荷兰最著名的建筑大师海德里克·佩特鲁斯·贝尔拉赫（Hendrik Petrus Berlage，1856—1934）设计，受新罗马风的影响，红砖外墙显得厚重沉稳，宽敞的交易大厅屋面架设铸铁玻璃顶棚，内墙仍为红砖砌筑，局部镶嵌石墩、石过梁和枕梁，整个交易所共有 3 个大型多功能交易中庭，办公和公共设施围绕其布置。

贝尔拉赫被视为阿姆斯特丹学派[3]的先驱者，他个性鲜明的新罗马

图 2.21　阿姆斯特丹证券交易所，荷兰 19 世纪最著名的建筑师之一贝尔拉赫，于 1898 年设计，交易大厅为新罗马式砖墙结构，铸铁玻璃顶棚

图 2.22　阿姆斯特丹证券交易所被细心修复，现用来承办各种公共展览和音乐会

式拱砖语言明显受到了美国理查逊作品[4]的影响。理性的砖墙结构，马赛克的局部雕饰，经过加工的大理石基座、屋角石、突石、石帽等显示出结构的转承和自重，并在某些部位突出以支撑暴露的钢屋架。如今该交易所已被细心修复和改造用来承办各种展览和音乐会，成为市民文化休闲的活动场所。

2.5.2 布法罗信用银行大厦（Guaranty Trust Building，Buffalo，1894—1895）

19 世纪 80 年代美国为工业建筑先锋们提供了难逢的机会。自芝加哥大火后短短的十年里，随着商业经济的快速发展，城市人口迅速增长，市中心的地块日趋昂贵，建造高层大楼是解决问题的唯一办法。19 世纪 70 年代钢的发明与使用使得芝加哥高楼的工业化建造成为可能，也促使美国文化与旧时代的割裂。1880 年历史上第一栋摩天楼在芝加哥竖起，标志着建立在机器与技术需求之上的新建筑时代的到来。尽管当时的建筑技术已取得巨大进步，但建筑师们仍在为寻找恰当的高层建筑式样而努力。早期的高层没有突破传统的风格与建造工艺，罗马式、古典式、安妮女王式等各种文艺复兴风格轮番上场，但建筑的不断攀高加剧了结构和外观的矛盾，寻找新的立面构图形式成为困扰建筑师的下一个难题。

芝加哥高楼凭借新材料和建造技术创建出一种独特的高层模式——基础脱离于承重墙、开放式平面、构件灵活性以及室内多用途化。大楼空间有序实用，小办公室沿走廊排列，通过窗户直接采光通风，较大的办公室

图 2.23 布法罗信用银行大厦（1894 年），阿德勒和沙利文建筑事务所设计，为当时芝加哥最高的建筑

图 2.24 布法罗信用银行大厦外墙耐火砖装饰纹样细部

图2.23

图2.24

则为公共开敞空间，为员工提供弹性的工作格局。此外，一系列与高层建筑配套的建筑设备工业如电梯等也迅速发展起来，而通风、采暖、空调、照明、给水排水、安全疏导等复杂工程技术问题给建筑师和工程师们带来了新的挑战和压力。

　　布法罗信用银行大厦是"摩天楼之父"沙利文登峰造极的作品，这栋13 层的办公楼为当时城市最高建筑，是他倡导"形式追随功能"的一次大胆实践，也是他与阿德勒的最后一次合作。建筑呈"U"形布局，中央庭院面向南边争取更多的自然采光，富有垂直感的建筑立面预示出未来的国际风格。整个外墙的窗间墙被带有花卉、树枝等复杂图案的装饰耐火砖所覆盖，"仿佛是从材料本性中自然生长出来"，[5] 其装饰主题一直延伸到进门大厅，将高层建筑的美学特征充分展现出来。

　　19 世纪晚期工业发展促进了城市的膨胀和建筑业的兴旺，钢铁和玻璃起到了至关重要的作用。从火车站顶棚到大型博览会展馆，从剧院礼堂到拱廊内街，从工厂车间到办公大厦，无不活跃着它们的身影。然而建筑工程技术发展之快远超过社会大众审美观的转变，许多建筑师还未做好充分的心理准备来迎接这一股来势汹涌的新工业技术下的建筑革命。在 19 世纪和 20 世纪的更替中，一方面工程师们设计建造出许多结构优美的桥梁高塔，另一方面建筑师们仍徘徊于历史传统和新技术之间，致使许多公共建筑乃至高层大厦虽采用先进的钢铁框架体系作为结构，却仍以厚重的历史外衣示人，这种现象一直持续到 20 世纪早期现代主义的出现才有所改变。

注释

1　工程师列昂斯·雷诺 1850 年在他的《论建筑》一文中谈及火车站建筑对于公众印象时说的话,转引自（美）肯尼思·弗兰姆普敦著.现代建筑：一部批判的历史.张钦楠等译.北京：生活·读书·新知三联书店，2004：26.
2　巴黎圣热纳维耶夫图书馆一直收藏 1789 年由法国国家接管的馆藏书。
3　阿姆斯特丹学派（Amsterdam School）是 1910-1930 在荷兰兴起的一种建筑风格，其建筑特点是砖砌结构，具有图形或有机外观。其风格超越了建筑，涵盖了室内设计领域从家具、地毯到灯具和钟表等各种物品的生产。阿姆斯特丹学派是国际表现主义建筑的一部分，与德国砖表现主义相关，其学派风格常运用于工人阶级房屋、当地机构和学校等。
4　Henry Hobson Richardson, 1836-1886, 理查德逊曾就读哈佛美术学院和巴黎美术学院,跟随过拉布鲁斯特工作,以他名字命名的"理查德逊罗马"样式（Richardsonian Romanesque）风行于 1870-1895 年,该风格是以 11 世纪法国和西班牙罗马风为基础发展起来的一种复兴式样。
5　（美）肯尼斯·弗兰姆普顿著.现代建筑：一部批判的历史.张钦楠等译.北京：生活·读书·新知三联书店，2004：50.

第3章 Chapter 3 从莫里斯到斯蒂克利
——英美工艺美术运动

From William Morris to Gustav Stickley—Arts & Crafts Movement in England and America

　　我们习惯于寻求完美的材质，习惯于光滑无暇的表面以及精湛的工艺，而当我们面对英国橡木节疤被切开时的裂缝和不平整时却感到迷茫，试问用这种方法来选择法国品位的漆面是正确的吗？我想不是，对材质的粗糙和瑕疵要学会宽容，因为它是大自然的结果而不是人类的疏忽或欺骗所导致的。

——沃伊齐(C.F. Annesley Voysey) [1]

图 3.1　当代江户彩色浮士绘美人画，歌川国贞作品（Utagawa Kunisada，1786–1864）

　　工艺美术运动发端于 1864 年前后的英国，在工业发展的特殊背景下，一小批艺术家和设计师受约翰·拉斯金（John Ruskin，1819–1900）思想的影响，力图抵制工业化对传统手工艺的威胁，复兴以哥特风格为主的中世纪手工艺精神，通过精良的日用产品设计来唤起民众的审美意识。这场具有试验性的设计运动得名于英国艺术家和插画家沃尔特·克兰（Walter Crane，1845–1915）等人在 1888 年创办的伦敦工艺美术展览组织，它不是一种单纯的设计风格，而是对经济、社会、文化、技术等诸多方面的一种反思和态度，是对城市化过程中田野生活的一种精神回归。

　　英美工艺美术运动从东方文化特别是日本艺术中汲取了创作灵感和传统工艺，日本浮士绘以线条见长，色彩平铺而无质感与阴影的变化，与西方传统审美大相径庭，引起了英美设计界的极大兴趣。东方绘画以花鸟、植物、卷草纹为装饰题材，其中所蕴涵的人与自然和谐相处的古老哲学思想契合了工艺美术运动回归自然的设计本质，英国工艺美术运动的代表威廉·莫里斯（William Morris，1834–1896）创作的墙纸或地毯纹样取材于自然界的花卉植物，而以赖特和格林兄弟为代表的美国工艺美术运动与日本传统有着千丝万缕的关系。

3.1　英国工艺美术运动

　　19 世纪中期欧洲各国工业革命先后完成，工业发展势态迅猛，各种新

图 3.2　哥特式教堂的细部，拉斯金于 1849 年绘制

兴发明创造层出不穷，工业家们借助机械设备大大降低了产品的生产成本，丰富和便捷了人们的生活。然而由于制造业的迅速崛起，大批廉价的机制日用品充斥市场，产品的设计美学和大众审美意识还远未跟上工业技术的发展势头。艺术家以不屑的姿态远离日常生活设计，设计师的服务范围未渗透到工业生产领域，而制造工人在艺术问题上没有任何发言权，这种情形导致产品的外观造型在整个生产过程中完全交付给缺乏审美训练的厂商来应对，使原本隔离的艺术与技术更加对立。由政府部门的宪法改革者、建筑师和艺术家共同组织举办的伦敦"水晶宫"博览会曾推行过产品美学的改革尝试，然而由于改革只是停留在单纯的设计层面而没有触及造成这一问题背后的社会根源，因此收效甚微。

3.1.1　思想先驱和欧洲大陆的传播

　　英国工艺美术运动的核心理论基础来自英国近代建筑史上的 3 个重要人物：奥古斯塔斯·韦尔贝·诺斯莫·普金 (Augustus Welby Northmore Pugin，1812—1852)、拉斯金以及莫里斯。普金是一个坚定的中世纪主义者，致力于哥特式建筑和装饰艺术的复兴，普金在设计实践中运用了金属、木材、陶土、彩色玻璃、墙纸以及织物等多种材质。普金注重动手能力，他的建筑作品初看上去并没有和工艺美术运动有多少关联，但其著作中却有着大量关于 19 世纪设计和社会批判。他在 1836 年的《15 世纪与 19 世纪建筑的对比或平行》[2] 中指出，中世纪建筑是为上帝的荣耀而建，而工业时代的建筑则是商业服务体系下的产物。他将风格与社会联系起来的批判性视角对于后来工艺美术运动的成员们有着重要的启迪意义。

　　作为 19 世纪英国著名的建筑理论家和社会哲学家，拉斯金的论著充满

了对工业化的不安和乌托邦式的社会拯救思想。他严厉斥责英国工厂非人性化待遇和产品质量的低下，呼吁通过艺术来提升社会品位。拉斯金视哥特风为艺术自由化的象征，在其所著的《威尼斯的石头》（1851—1853）的"哥特本质"一章里称"所有高贵的装饰都是人类对上帝愉悦的表达"。在对威尼斯哥特风格深入研究后，拉斯金指出当今设计界所缺乏的正是中世纪手工艺人团结合作、精益求精的工作态度，他所倡导的手工业行会精神成为工艺美术运动坚实的思想基石。

作为拉斯金思想的忠实追随者，莫里斯既是一个理论家，也是一个实践者。他主张复兴中世纪的手工业来抵制机械化生产的潮流，反对工业品低劣模仿手工制品。他和朋友们发起的这场运动赋予艺术一种社会功能，尝试拉近艺术与公众生活的距离，然而莫里斯因拒绝采用中世纪之后的生产方法，致使产品价格居高不下，最终只能满足小众的社会富有阶层，与他最初所宣扬的"由人民制造、为人民服务"的艺术宗旨相背离。

英国工艺美术运动在欧洲大陆得到了回应，被认为与欧洲大陆的新艺术运动同义。普鲁士政府建筑师赫尔曼·穆特修斯（Hermann Muthesius，1861—1927）被政府委派到英国研究英国住宅建设，他在德国"装饰艺术"杂志上撰写了大量文章介绍和赞美英国工艺美术运动，并于 1904 年出版了专著《英国住宅》[3]，用整整三章篇幅详细阐述该运动的设计理念。在穆特修斯代表的德国政府眼中，工艺美术风格的作品是他们所期许的优秀设计典范，可以通过标准化设计和理性工作程序来满足批量化制造要求。在这一思想的感召下，1899 年赫斯大公在德国达姆斯塔特兴建了第一个以此为目标的艺术家集聚地。伴随着维也纳分离派的介入，欧洲大陆的工艺美术运动逐渐趋向于自由风格，新艺术运动所偏好的过度风格化、拉长造型及半贵重材料都明显地被视为工艺美术运动的一部分。

3.1.2 代表人物——莫里斯与沃伊齐

莫里斯

莫里斯集画家、诗人、设计师于一身，他家庭殷富，曾是拉斐尔前派[4]成员，1853 年就读牛津大学建筑系，校友拉斯金的著作给了他很大的启发和影响。莫里斯主张艺术与道德、政治和宗教不可分割，希望通过提高家庭生活的美感来提升艺术在社会大众中的地位。莫里斯的新婚住宅"红屋"（The Red House，1859—1861）是英国工艺美术运动的标志性建筑，它成为主人和他的朋友们实现设计理想的首个试验地。好朋友兼事业合伙人菲利普·韦布（Philip Webb，1831—1915）受邀设计了"红屋"建筑及其部分家具，而室内则由莫里斯本人亲力完成。韦布摒弃了一切与巴洛克的联系，融合了本国乡土建筑、哥特复兴及教区牧师住宅的多种风格。不加粉饰的清水红砖外墙体现了普金和拉斯金所追求的建筑诚实性，而内墙延续红砖材质，主要房间配以漆板墙裙和绣花窗帘，地面铺设粗质的宽木地板，织物和色

图 3.3 莫里斯近照

图3.4

图3.5

图 3.4 "红屋"室内由莫里斯自己设计,白色嵌板墙面、白色大型多功能书橱以及手工锻造的铁质家具五金成为工艺美术运动的主要特点

图 3.5 偷食草莓的贼,这幅装饰织品是莫里斯最成功的织物图样之一

彩间的鲜明对比加上材料的自我表达,使整个室内洋溢着南方海岛特有的清新恬淡的气息。

红屋成功后,莫里斯与韦布、拉斐尔前派画家丹蒂·加布里埃尔·罗塞蒂 (Dante Gabriel Rossetti,1828—1882)、爱德华·伯恩琼斯 (Edward Burne-Jones, 1833—1898) 等一起于 1864 组建了室内装饰公司。这是第一代现代室内设计公司,业务范围跨越建筑、室内、产品等多个领域,尤其注重纺织品、墙纸、地毯等平面设计,题材以自然界的花卉、小鸟为主,设计风格极具浪漫主义气息。

彩绘玻璃和装饰瓷砖是莫里斯最早介入设计和制作的领域,他常在玻璃或瓷砖上描绘写实主义风格的彩画,之后在工厂地下室的砖窑里烧制完成。莫里斯的墙纸设计早期接近自然,清新雅致,后期取材于 16 世纪、17 世纪的传统图案,手法和形式趋于纯朴庄重。莫里斯还自学传统的刺绣工艺,改良编织技术,使织物在视觉和触觉上更具美感。墙纸、地毯、织物、彩绘玻璃及家具构成的室内环境展现了莫里斯的美学特征:柔和的色彩,丰富的细部,高达 1.8—2.1m 的嵌板墙裙,浅色的水平饰带镶边,彩绘玻璃灯罩,比维多利亚风格更显高贵而有生气。

作为一个有着民主思想的设计改革家,莫里斯希望为大众提供品位高雅而价格低廉的产品,然而过分的艺术化和理想化使得莫里斯无形中陷入到一种浪漫主义的谬见中去。在工业化潮流不可逆转的社会环境中,莫里斯公司所提倡的手工艺生产模式恰恰被证明是最大的奢侈,高品质的设计与手工作坊的生产方式使得他公司的产品在大众化市场中缺乏价格竞争力。尽管如此,莫里斯的思想与实践在当时仍然赢得艺术界许多人的支持,他的追随者们纷纷成立了手工艺组织,包括阿瑟·马可穆多 (Arthur H. Mackmurdo, 1851—1942) 在 1882 年成立"世纪联盟"、查尔斯·罗伯特·阿什比 (Charles Robert Ashbee, 1863—1942) 在 1888 年创办了"手工艺行会与学校"等。19 世纪 90 年代英国工艺美术运动通过《工作室》(Studio) 杂志的宣传引起了世界的关注,它的美学和社会价值也随之提升。莫里斯强调

图3.6

图3.7

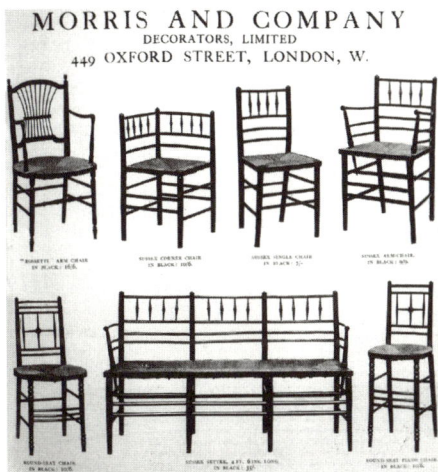

图3.8

图 3.6　韦布设计的屏风式长椅

图 3.7　带有中世纪风格的橱柜运用贴金工艺绘制了圣乔治传说故事，故又称"圣乔治橱柜"（1861 年），是莫里斯公司出品的第一件家具

图 3.8　莫里斯公司的乡村风格的靠背椅产品目录

图 3.9　伦敦南肯辛顿宫绿色餐厅是莫里斯公司的著名设计作品，墙上到处是橄榄枝和一群追逐野兔猎犬的浮雕

图 3.10　具有工艺美术风格的居室，室内运用了莫里斯公司设计的花卉题材的墙纸和窗帘

图3.9

图3.10

的"设计为大众服务而不是少数人"、"设计工作是集体活动而不是个体劳动"的两个基本观点在后来的现代主义设计中得到了发扬光大。

沃伊齐

英国建筑师和家具设计师查尔斯·沃伊齐（Charles F·Annesley Voysey 1857—1941）是第一批理解和提升工业设计意义的人，在20世纪30年代被视为现代主义先锋人物。沃伊齐早期为墙纸、织物和家具设计师，作品具有简朴的工艺美术运动风格，之后以设计大量乡村别墅而出名。受牧师父亲的影响，沃伊齐的设计流露出明显的宗教情结，在其擅长的英国乡村住宅设计上采用低矮的横向窗、巨大的坡屋顶、粗质粉刷白墙、自然木材等来强调家庭平稳和谐的关系，其风格的原创性及对历史传统的背离与现代主义的本质一脉相承。

尽管受到工艺美术运动和新艺术风格的影响，但是沃伊齐对于形式与功能的关注依然要多于装饰。他特别注重木材本色，家具设计大都采用未经上漆的橡木，少量装饰、朴素实用是沃伊齐设计的主要特点，与晚期维多利亚繁琐和华丽的装饰形成强烈的反差。沃伊齐视上帝为大自然的造物主，是所有设计之源，他深信将小鸟或植物等简单自然的形式加以抽象提炼能给观者一个良好的视觉享受，因此明亮欢快的小鸟图案以平铺和风格化造型经常出现在他的织物和墙纸设计中，果园自宅（1899）是沃伊齐首个将设计理念贯穿于建筑和室内的项目，内立面、织物、墙纸、地毯、移动家具甚至通风格栅都经过精心考虑，在英国和欧洲引起了广泛的关注。

图 3.11　弗林顿海边度假别墅，1905年，英国乡村式风格，沃伊齐设计

图 3.12　弗林顿海边度假别墅中的木结构楼梯

图3.11

图3.12

图3.13

图3.14

沃伊齐处于工艺美术运动的后期，正值越来越多的设计师与生产商走向协作的时代。19 世纪 90 年代，沃伊齐为同期引领潮流的纺织品和墙纸供应商服务，尽管有些委托项目仍采用手工制作，但很快便被批量化的制造方式所替代，沃伊齐的作品和思想对于英国本土和欧洲大陆的现代主义进程有着深远的意义和影响。

3.2　美国工艺美术运动

莫里斯和拉斯金的著作在北美受到欢迎，在克兰、阿什比等先驱们的推动下，20 世纪 90 年代各种具有进步思想的组织在美国纷纷成立。相比欧洲大陆，美国工艺美术运动没有历史包袱，更接近工艺美术的内在精神。如果欧洲的工艺美术运动试图复原一种国家浪漫主义的前工业时代，那么美国的工艺美术运动则以其特有的历史和社会形态形成了自己的风格，在对待工业化生产上持有更开放的态度和立场，正如古斯塔夫·斯蒂克利（Gustav Stickley，1858–1942）在 1909 年所说的"我们没有君主和贵族，普通人的生活就是国家的生活"。[5]

极度简朴和地方主义成为美国工艺美术运动的最大特征。美国各地区的发展不同，以波士顿为中心的东北部、以芝加哥为中心的中西部、以旧金山为中心的西海岸都发展出它们各自的特点。波士顿工艺美术运动社团成立于 1897 年，和伦敦工艺美术展览组织一样运作良好，杂志《美丽家园》[6]与英国的《工作室》杂志相比毫不逊色。美国工艺美术运动发展出开放式平面的住宅格局，这种风格经常与赖特中西部早期草原式住宅相关联，后者通过材料的选择、水平向构图、低矮屋顶以及挑屋檐等设计元素将建筑融入到中西部的自然景观中。

图 3.13　弗林顿海边度假别墅的客厅，简洁的竖向板条屏风将楼梯与其他房间隔开，在顶棚涂刷油漆以增强反光，壁炉采用朴素的绿色瓷砖装饰，具有村舍风格的厚重门扇配以铸铁铰链，整个空间散发出简朴清新的现代气息

图 3.14　橡木天鹅椅，1883–1885 年，沃伊齐设计

3.2.1 代表人物——斯蒂克利和格林兄弟

古斯塔夫·斯蒂克利

美国工匠、设计师和企业家古斯塔夫·斯蒂克利于 1900 年后成为美国工艺美术运动的领袖，开创了第一代真正的美式家具。由于父辈是家具商，斯蒂克利从小就对家具产品产生了浓厚的兴趣。1897 年斯蒂克利到英国旅行，参观了大量英国工艺美术风格的作品，同时又到巴黎拜谒了"新艺术"商店。受拉斯金和莫里斯等英国改革者们的启发，回到美国后他着手设计一种基于诚实生活理念的新手工家具，它们用质朴厚重的实心橡木制作，简洁的直线造型没有丝毫多余的装饰，唯有构思和材料在建构中自然流露，卯榫构造、斜面板、暴露榫头等细部清晰而个性化，配上手工制作的木构节点、铁制五金、皮套垫，使家具在精湛的工艺中流露出朴实的美感。这种风格后被他及他的兄弟们确定下来并加以推广，成为"教会风格（Mission Style）"的主流力量。

斯蒂克利从欧洲和美国本土运动中汲取灵感，主张材料的诚实性和造型的简洁感，反对艺术和生活陷入精致化和标准化的泥潭。斯蒂克利采用开放式平面以增进家庭内部的互动性，增加开窗面积以收纳更多的阳光和风景，鼓励嵌入式长椅和书架，这些设计特色在以后几十年被赖特吸收和优化。斯蒂克利在新大陆努力倡导手艺人的价值观，这种对手工艺思想的虔诚和尊崇致使普通的手工艺风格成为一战前美国住宅的主导美学，并在全国范围内掀起简朴的"平房式（Bungalow）"住宅热潮。

图 3.15 教会风格的直线形橡木靠背椅，古斯塔夫·斯蒂克利设计

图 3.16 甘布尔住宅，1908—1909 年，格林兄弟的代表力作，图为木构架立面外观

图 3.15

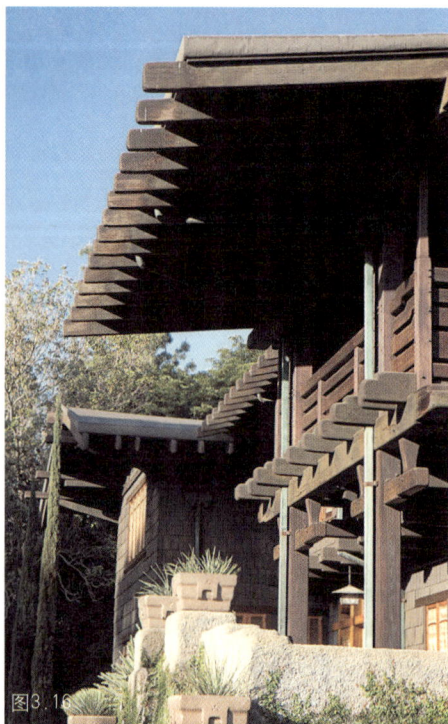

图 3.16

格林兄弟

查尔斯·格林（Charles S.Greene，1868—1957）和亨利·格林（Henry M.Greene，1870—1954）是美国洛杉矶地区的建筑师、室内和家具设计师，受工艺美术运动的影响，格林兄弟建立起 20 世纪早期加州"平房式"住宅的发展标准。兄弟俩早年被父亲送进莫里斯学生所开设的市立培训学校攻读建筑，很快他们在学校里吸收了莫里斯的设计哲学并对金属、木材等不同材质表示出特殊的兴趣。结束两年在麻省理工大学的学习，兄弟俩在波士顿进行建筑实习。1893 年在芝加哥哥伦比亚展会上，日本结构的简洁和秩序感给他们留下了深刻的印象，激起他们对东方艺术的浓厚兴趣，促使他们日后形成一种全然不同于巴黎美术学院、新古典主义的新设计语言。

由于喜爱当地宜人的文化和自然环境，格林兄弟在加州旅行后决定在那里创办公司。他们最初的作品是一种将教会风、乡土风和新古典风杂糅的混合样式，而斯蒂克利创办的《手艺人》（Craftsman）杂志对兄弟俩作品思路的转变起着决定性的影响。兄弟俩尝试在居室内运用嵌入式座位、直线风格的窗扇、深色木作和墙面，并挑选和搭配了许多斯蒂克利风格的家具。格林兄弟在实践中一贯保持着他们对细部的挑剔和材质的诚实性，在工艺美术运动的基本理念上逐渐形成自己的风格——对木雕和东方主题的偏爱，注重开敞流动的平面格局，结构件装饰化，运用门廊、阳台、露台等手段整合室内外空间。格林兄弟在建筑和手工艺之间驾轻就熟，尽管家具的直线风格仍然有着斯蒂克利强烈的影子，但其他一些细部如镶嵌玻璃、以树枝、藤蔓及其他

图 3.17　甘布尔住宅餐厅，墙面、地面、顶棚包括装饰吊灯在内大量运用实木装饰

图 **3.18** 甘布尔住宅客厅壁炉两侧设置固定木质高靠背长椅，结构木梁与装饰巧妙结合

图 **3.19** 扶手椅，格林兄弟 1907 年设计，胡桃木把手嵌乌木，织物座面，借鉴中国明式家具和日式家具的造型及制作工艺

图3.18

图3.19

自然元素为创作题材的灯具等透露出格林兄弟对日本元素的痴迷。

富有的东方人在 1907-1909 年提供给格林兄弟俩稳定的建筑设计项目，其中一些允许他们在室内构件、家具、织物和景观等各方面全盘把控。建于 1908-1909 的甘布尔住宅（Gamble House）[7] 就是其中的代表。二层高的住宅带有一个三层观景楼，建筑内外具有明显的日本传统住宅特色，也借鉴了中国明式家具的造型和制作工艺，成为格林兄弟事业成熟期的标志。

3.2.2 教会风格

教会风格出现在 19 世纪末 20 世纪初，相当一部分美国工艺美术运动的支持者们在他们独特的乡村风格传统中寻找着精神家园。带有教会意味的土砖家用品、手工砍凿的木材以及朴实率直的家具设计开始风靡起来，这种虔诚单纯的气质完全颠覆了维多利亚风格的矫揉造作，契合了工艺美术的哲学理念。

教会风格作为美国的本土设计与欧洲传统关联甚少，它营造出的是一种前工业时代的生活场景：暴露的木梁和券廊，直线形墙裙，自然色系的房间，传统图案的棉毛或亚麻窗帘，风格化图案的地毯，少量色彩鲜亮的陶罐、花瓶及瓷砖装饰。教会风格的家具大都采用粗犷的白橡木或地方红木，直线形卯榫结构，手工锻造的五金件，皮革包面，反对亮漆表面或精细化趋向。作为美国工艺美术运动在家具、织物、铁艺等方面最为知名的制造商，斯蒂克利的手工艺作坊和阿尔伯特·哈伯德（Elbert Hubbard，1856-1915）的手工艺社团[8] 大力推行教会风格的家具与室内陈设。斯蒂克利创办的《手艺人》杂志通过大量相关文章、住宅平面图及居家建议来阐述教会美学理念，其他杂志如《美丽家园》、《妇女居家杂志》、《住家装饰师和家具商》等也

在传播教会风格和工艺美术运动的哲学思想上扮演着积极的角色。受斯蒂克利和哈伯德的影响，在短短几年时间内几乎所有美国主要的家具商都研制出各自的教会风格家具以应对日益增长的社会需求。

1915 年美国工艺美术运动因斯蒂克利公司的倒闭和哈伯德夫妇的失踪而衰退，这导致了社会和政治改革的兴起以及产品中道德与商业的分离。尽管美国西南地区盛行的教会风格不足以覆盖全美国，但它注重功能和简化装饰对于随后 20 世纪 20 年代现代主义的流行起到了不容忽视的铺垫和推进作用。

轰轰烈烈的工艺美术运动在 20 世纪初期落下帷幕，在这场运动中，英美两国都一致强调手工艺，但英国以拉斯金和莫里斯的设计思想为核心，有着强烈的中世纪哥特情结，而美国则更注重简朴的乡土风格。综观工艺美术运动，它在物质上具有非常彻底的资产阶级色彩，而精神上却有着乌托邦式浓厚的社会主义特征，其自身不可调和的矛盾注定了运动的短暂和不彻底性。尽管如此，工艺美术运动对产品美学缺失的批判有助于其他艺术家和公众认清自己的生活状况，并且其强调功能第一、就地取材及减少装饰等设计原则对以后的社会发展有着相当重要的借鉴意义。

注释

1　引自 Wendy Hitchmough. The Homestead：CFA Voysey. London：Phaidon Press Ltd, 1994: 14.

2　原书名为：Contrasts or A Parallel Between the Architecture of the 15th and 19th Centuries, 引自 Joanna Banham. Encyclopedia of Interior Design.（2 Volume Set）. Chicago：Fitzroy Dearborn Publishers, 1997:61.

3　原书名为 Das Englische Haus. 1896 年德国政府在驻伦敦大使馆设立一个职位，由穆特修斯担任，研究英国城镇规划的住宅政策，回国后于 1904 年出版了该书，意义深远。

4　拉斐尔前派（Pre-Raphaelite Brotherhood）是 1948 年创立的一个艺术团体，由 3 个年轻的英国画家所发起（约翰·埃弗里特·米莱斯 Sir John Everett Millais, 1829—1896，但丁·加百利·罗塞蒂 Dante Gabriel Rossetti, 1828—1882，威廉·霍尔曼·亨特 William Holman Hunt, 1827—1910），目的是为了改变当时的艺术潮流，反对那些在米开朗基罗和拉斐尔时代之后偏向机械论的风格主义画家，其作品基本上以写实的传统风格为主。

5　引自 Joanna Banham. Encyclopedia of Interior Design.（2 Volume Set）. Chicago：Fitzroy Dearborn Publishers, 1997:66.

6　杂志原名为 The House Beautiful，创办于 1896 年，是一本专注于家居装饰和家庭艺术的室内装饰杂志，读者定位为年轻的家庭主妇。

7　甘布尔住宅是格林兄弟最具代表的设计作品之一，是宝洁公司戴维·甘布尔（David B. Gamble）的住所，如今已成为国家历史地标。

8　罗伊克罗夫特园（The Roycroft Campus）是美国保留下来最好、最完整的手工业行会建筑群，是美国技能和哲学中心的化身，由身为作家、编辑和企业家的阿尔伯特·哈伯德于 1897 年创办，该园为美国历史上大师级工匠们的"麦加"圣地及著名艺术家、作家、哲学家的集聚地。

第 4 章

美学运动与安妮女王复兴 (1870—1880)

The Aesthetic Movement and Queen Anne Revival (1870—1880)

华丽的羽毛，蓝色，金色和绿色，
它们踏着凋零的花瓣，发出阵阵尖叫，
划破了花园宁静的上空！
孤傲的鸟美人，时而绚烂时而安详，
拍打着它们闪亮的羽翅，
像磨光的蓝宝石，或像缀在天空中的夕阳，
奇特而魔幻般的眼睛，续写着传说，
给这片圣洁的领地带来了厄运…

——奥利弗·康斯坦司 (Olive Custance)

《孔雀：一种心境》(Peacocks：A Mood)

图 4.1 自然界树叶第 10 号作品，欧文·琼斯设计，选自 1856 年出版的《装饰语法》中"埃及 1 号"盘图案，设计师深信埃及风格最为古老完美

　　唯美主义形成于自由的哲学氛围及英国设计界的改革背景，19 世纪中叶的英国展品普遍有着累赘的装饰，缺乏设计新意。拉斯金在 1849 年出版的《建筑的七盏明灯》2 中曾提出艺术应与美术相平等，设计师和建筑师应将自己看作艺术家，画家、诗人和设计师的社会角色应合为一体。在"水晶宫"博览会后，公众要求设计改革的呼声趋于强烈，南肯辛顿博物馆设计学校[3]应运而生。在亨利·科尔（Henry Cole，1808—1882）的带领下，学校以展示本国艺术史为使命，坚持在比例和色彩上渗透美学原则，从该校走出来的欧文·琼斯（Owen Jones，1809—1874）和克里斯托夫·德雷泽（Christopher Dresser，1834—1904）在地毯和墙纸等装饰图案设计上堪称高手。欧文·琼斯在《装饰语法》[4]中介绍了不同历史和国家的装饰风格，总结了装饰手法和规律，指出不同风格的装饰元素可以根据这些"语法"上的规律来创造出新的装饰语言。德雷泽则是英国设计改革的拥护者和引领者，在墙纸、纺织品、陶艺、家具和金属器皿等现代制造业的发展进程中可谓功不可没。

4.1　美学运动与和风设计

　　美学得名于古典时期对美的本质研究，从亚里士多德到柏拉图都有着各自对美的定义。从文学发展而来的唯美主义认为艺术的使命在于为人类提供感官上的愉悦，追求不带任何说教因素的单纯美感。1870—1880 年的美学运动是对美的回归，它将美定义为一种超越宗教、历史和地域的重要力量。美学家主张美能提升人的精神和思想，认为对美的追求比对世俗财富的追求更重要。美学运动力求将艺术带进每个家庭，关注日常生活中的审美需求，倡导使用高品位的生活器物，视艺术为拯救庸俗的唯物主义良方。

4.1.1　和风设计

自 17 世纪与 18 世纪百年东方热后，19 世纪初期欧洲又出现了一股新的东方文化热潮，促成这股热潮抬头的是政治、经济急速发展中的欧洲希望通过向海外殖民来建立世界市场，许多科学家、历史学家和艺术家通过各种途径将东方文化带回欧洲。从 19 世纪中期起，日本、中国和波斯的艺术成了西方艺术变革的推动力。

和风设计是美学运动的重要特色。美学运动开始于 1854 年，正直闭关锁国二百年之久的日本被迫打开国门的第二年，[5] 日本国门开放后先后与北美西海岸、英国和欧洲开展了瓷器、工艺品和家具的进口商品贸易。1862 年在伦敦国际博览会上日本产品首次公开亮相，绘画、纺织品、陶艺、漆器、印刷及家具等生活器物琳琅满目，简约的造型、细腻的工艺、微妙的色彩及不对称设计蕴涵着中世纪才有的高品质，令西方评论家赞叹不已。

图 4.2　罗塞蒂的"白日梦"，1880 年，他的情人简·伯登（Jane Burden，1839—1914）坐在花园的无花果树下，一只手平放在膝间打开的书上，手心里揣着一枝忍冬花，另一手紧抓住繁茂的树枝，眼神透露着心事，这是罗塞蒂所有关于简肖像画中最满意的一幅

日本艺术品的大量输入给盛行古典主义和学院派的欧洲及北美的艺术设计界刮起了一股新的东方美学风潮，开启了欧洲历史上的"日本主义"[6]时代。由于日本艺术品商店在伦敦急速增加，越来越多的英国设计师对日本商品开始着迷，自觉或不自觉地将日本元素与工艺融入到他们的创作中去，到19世纪70和80年代和风设计已牢牢占据着英国设计界的主导地位。詹姆斯·麦克尼尔·惠斯勒（James Mcneill Whistler，1834–1903）、罗塞蒂、爱德华·威廉·戈德温（Edward William Godwin，1833–1886）、莫里斯、韦布等一批英国艺术家和设计师成为和风设计的领军人物。

　　浮世绘版画是日本艺术中最受欧洲欢迎的门类。法国印象派画风创始人之一的埃德加·德加（Edgar Degas，1834–1917）在其作品中吸收了大量日本绘画的视角、戏剧化构图及边框裁减技巧；莫奈终其一生收藏日本绘画，著名的"睡莲"系列正是以他自家的日式园林为题材而创作；英国设计师戈德温吸收和借鉴了和风中的柔和线条、不对称性、轻细构造及虚实对比关系，将之发展为一种新的家具风格——英日风[7]，他也被评论家称为"最伟大的美学家"。到了1900年，具有日本艺术风格的标志性语言如波浪、礁石、拱桥、扇面、折叠屏风等已被西方艺术家广泛采纳。

4.1.2　在美国的传播

　　14万参观者使1876年费城百年展[8]成为美学运动走向美国大众的催化剂，美学运动影响了美国社会的所有层面，在绘画、家具、金工、陶艺、染色玻璃、织物、墙纸、书籍等诸多领域引发大众对装饰意义的思考。19世纪70年代起美国装饰设计师们逐渐接受和风，特别是纽约的日本贸易商赫特兄弟公司（Herter Brothers，1864–1906）创造了精美的英日风家具，此外艺术家具零售商对美学运动在美国的普及也可圈可点，伦敦商人丹尼尔·考提亚（Daniel Cottier，1838–1891）在纽约开设了分公司，出售英国设计师戈德温、莫里斯设计的家具和彩绘玻璃，德雷泽也在美国作了一系列艺术讲座。美学思潮给家庭装饰师们带来了巨大的挑战和机遇，艺术书籍和杂志大量涌现，其中1868年出版的《居家品位指南》[9]，由查尔斯·洛克·伊斯特雷克（Charles Locke Eastlake，1836–1906）撰写，是他最有影响力的一本专著。

4.1.3　美学风格的室内设计

　　19世纪60年代晚期到80年代中期，在唯美主义思潮的影响下，英美发展了一种迎合中产阶级口味的美学住家风格，它不以奢侈和拉动消费为目的，注重个性与体验。除室内装饰师外，一批中产阶级主妇也纷纷加入到这股设计潮流中来。

　　美学运动的住家强调品位的自由表达，没有划一的装饰标准，风格混合而突显个性。尽管从不同时期和文化汲取养分，美学运动看重的是能否创造一种快乐的视觉体验而非历史的正确性。樱桃花、喜鹊、竹子和扇面受到青睐，维多利亚水彩画中的报春花、紫罗兰、玫瑰和风信子被拉斐尔前派流行的百合、向日葵、菊花、牡丹、樱桃花及竹子所替代。洁白色、深红色、向日葵、羽毛、扇子、孔雀、青花瓷器等成为美学风格室内的共同特征。受日本木版印刷的启发，莫里斯的手工印制墙纸和织物使用天然染料，风格化与韵律感的自然形态和色彩在美学圈颇为流行，风靡大西洋两岸地区。

4.2　美学运动主要代表人物

4.2.1　惠斯勒

　　惠斯勒是纽约最著名的画家和装饰师，是最早发现日本绘画魅力的西方画家之一，倡导"为艺术而艺术"的信条。出生于美国马塞诸塞州的他曾在西点军校接受训练，后到法国学画，最后定居英国。与印象派画家一样，惠斯勒收藏鸟居清信[10]的浮士绘版画，也迷恋安藤广重[11]作品中"雨、雾、雪"的技巧表达。由于对日本艺术的热爱，他的画作自然透射出一种高雅神秘的东方情调，"紫色与金色幻想曲：金色的屏风"、"紫色和玫瑰色：青花仕女瓶"等都以东方器物为背景，充分展现出日本版画所蕴含的高雅趣味。

　　由于在法国得不到发展，惠斯勒来到英国并掀起了一股"东方热"。他伦敦的住所是实践东方艺术的最佳试验地——各种式样的日本折扇贴满墙

图4.3　白色交响曲第二号：白衣小女孩，1864年，惠斯勒作品

图4.4　玫瑰和银色：瓷器国度的公主，1864年，惠斯勒作品。画面中心伫立着一位西方女子，身穿和服，手拿纸扇，在和式屏风、丝绒地毯的背景衬托下亭亭玉立，楚楚动人

图4.3

图4.4

图4.5

图4.6

壁和天花板，与中国式大床及青花瓷器相映衬，该住所现作为他的艺术博物馆对外开放。惠斯勒设计生涯中最有影响力的室内作品非"孔雀厅"莫属了，它堪称唯美主义时代最伟大的艺术作品之一。19 世纪 70 年代受 F.R. 莱兰（F.R.Leyland，1834—1903）所邀，惠斯勒以孔雀这个备受东西方宠爱的鸟类为主题，运用绚烂的蓝金色调打造出一个装饰精美的另类客厅，主墙面中央赫然镶嵌着巨幅装饰画——两个巨大尊贵的孔雀，暗示出主人和画家微妙的关系。遗憾的是因设计理念的不和，艺术家和主人最终不欢而散，"孔雀厅"后由实业家和美学家查尔斯·朗·弗雷尔（Charles Lang Freer，1854—1919）购进作为其私人收藏品才得以保存下来。

4.2.2　伊斯特雷克

伊斯特雷克为英国设计理论家和建筑史学家，尽管从未实现过一个建筑项目，但是他对哥特建筑研究的重要论述给他带来了巨大声名。伊斯特雷克的设计观和家具风格很大程度上受到 19 世纪中叶普金和拉斯金的哥特复兴以及第二代设计师与评论家如塔尔博特、戈德温和琼斯等人的影响，故美国的哥特复兴风格又被称为"伊斯特雷克风格"。在伊斯特雷克看来，"好设计"的标准是要满足简洁性、功能性、建造的诚实性以及装饰的从属性，他早期著作《居家品位指南》是诸多关于装饰和设计中最有意义也是极富争议的一本书。该书将哲理和实践相结合，建立了住宅家具的风格与鉴别标准，18 年中已被重印了 7 次之多。

4.2.3　戈德温

戈德温是英国建筑师、室内和家具设计师以及剧院设计师，是维多利亚时代最成功和最有创新精神的功能主义先驱，在美学运动的主要人物中，他最为传奇。戈德温的设计领域宽泛，除了织物、地砖、墙纸外也研究服

图 4.5　孔雀厅，1876 年，惠斯勒设计，墙面中央设置壁炉，壁炉上方墙面嵌挂画家本人创作于 1864 年的油画"玫瑰和银色：瓷器国度的公主"，画面所表达的日本情结和孔雀厅的东方主题相吻合

图 4.6　孔雀厅大门，1876年，惠斯勒设计，门扇上装饰着两个全身金色的孔雀，神态惟妙惟肖，暗示出设计师和业主的微妙关系，门两侧的架子上陈列着中国青花瓷

图4.7 "猴子"抽屉柜，1876 年，胡桃木制成，戈德温设计自用

图4.8 靠墙橱柜，1877 年，戈德温设计，桃花心木黑色漆，银质铰链和柜门把手，典型的英日风家具

图4.7　　　　　　　图4.8

装历史和剧院设计。他早期作品有着拉斯金式的意大利语汇和法国哥特风，之后和风设计成为他主要的设计风格，在 1865—1875 年间他成为日本艺术影响欧洲设计最重要的人物之一，也因此与同样爱好日本艺术的惠斯勒成为终身挚友。

　　戈德温早在 19 世纪中期便开始收集东方瓷器，并率先将英日风格用于室内装饰和家具设计中，他的建筑常带着强烈的中世纪遗风，而室内则

图4.9 英国北安普敦市政厅会议室，1864 年，这是戈德温建筑作品留下来的最大一栋，内部家具也由戈德温亲自设计

显得理性而富有东方色彩。戈德温努力摆脱历史主义禁锢，他创造的英日风家具注重功能，材料从榉木到昂贵的乌木，配以镀金包角嵌饰，漆面模拟东方漆器家具，装饰主题以自然界中的花、鸟、孔雀羽毛等为主，图案极具风格化。1862 年戈德温位于布里斯托尔的住宅更贴近美学理想，日本印刷品、波斯地毯搭配少量 18 世纪的家具使室内极具艺术气息。1867 年他迁居伦敦后将和风不断扩大，白色墙纸、日本挂轴青花瓷器、榻榻米席垫、桃花心木漆面桌椅及带有和风图案靠垫的柳条椅[12]演绎了一个典型的日本居家空间。戈德温的家具风靡美国，他也成为少数受到国际认可的维多利亚设计师之一。

4.2.4　德雷泽

作为 19 世纪英国历史上第一个工业设计师，德雷泽醉心于英日风格及工艺美术运动，在墙纸、纺织品、陶艺、家具和金属器皿等现代制造业的多个领域都颇有建树。德雷泽的设计基于对植物学、日本艺术、埃及艺术等跨学科和跨文化领域的研究，其中植物学的研究使他感悟到自然界造物的真谛——美丽的本质是纯粹的造型加明确的功能，这与设计原则相契合。

图4.10

图4.11

图4.12

图 4.10　自然界的树叶第 10 号作品，德雷泽设计，选自 1856 年的《装饰语法》

图 4.11　自然界的树叶和花卉第 8 号作品，德雷泽设计

图 4.12　长颈花瓶，19 世纪末，德雷泽设计，非对称主题源自日本和埃及原型

德雷泽生于格拉斯哥，父亲是一个国税官员，13 岁起德雷泽在新建立的政府设计学院学习，该校实行新的教育体系，力求通过艺术与技术的联合来提升英国工业设计标准。在那里德雷泽遇到了英国最重要的设计改革家科尔及导师琼斯。19 世纪晚期英国中产阶级迅速扩大，对居住的装饰热情也日益高涨。在文化混合与洛可可风格主导的时代中，德雷泽是现代美学潮流的先锋，他在设计中强调不同材质的对比，以材料特性来推进设计，他采用的几何造型、功能性及降低昂贵材料的使用等设计原则为标准化生产提供了便利。德雷泽曾和 70 多家生产厂家合作生产他的创新设计并大获成功，之后为保护设计的知识产权，他将所有产品署名为 ˝Dr. C. Dresser˝。1880 年他受命担任新成立的艺术家具商联盟主席，致力于产品的制造、贸易与设计的美学品位。

与同时代人相比，他对日本艺术的理解更为深刻。1876 年德雷泽代表英国政府考察日本商品的工艺和制造技术，期间参观了 68 个陶器坊与几十个生产厂家，次年又受蒂法尼（Tiffany Co.）公司委托去日本挑选大量商品，在纽约和伦敦的商店出售。作为第一个访日的欧洲设计师，日本之行改变了德雷泽的设计风格，引导他去思考造型和质感背后的意义。1882 年德雷泽出版了《日本建筑、艺术和艺术制造业》，[13] 高度赞美了日本陶艺、漆器及其他手艺人的技术与奉献精神。

图 4.13　"我的美学情人"音乐封套，1881 年，孔雀羽毛、百合、日本扇和戈德温设计的英日风家具成为美学风格室内的标志

图 4.14　安妮女王复兴风格的客厅，克兰为克拉伦斯·库克（Clarence Cook，1828—1900）1878 年著写的《美丽家园》（*The House beautiful*）创作的卷首插画

图4.13

图4.14

4.3　安妮女王复兴（1870—1880）

　　长期从事城市住宅设计的年青一代建筑师在 19 世纪 70 和 80 年代兴起了一股建筑风格的改良运动，由建筑师韦布、诺曼·肖 (Richard Norman Shaw，1831—1912) 和威廉·伊顿、内斯费尔德 (William Eden Nesfield，1835—1888) 从 17 世纪晚期和 18 世纪早期质朴的乡土建筑风格发展出来的一种新的混合风格，取名安妮女王复兴式。事实上这种风格与 18 世纪早期的安妮女王没有什么联系，其目的是为了摆脱 19 世纪中期以来的庸俗品位及哥特复兴所背负的精神枷锁。

　　诺曼·肖早期设计的哥特复兴式乡村住宅采用木与砖石的混合结构，在 19 世纪 70 年代后期，轻盈活泼的凸窗和精巧浪漫的内部布局发展为更富创造力的住宅样式，打破了古典主义传统的均衡对称感。这种风格很快影响到了室内装饰和家具陈设，罗塞蒂、莫里斯、戈德温、克兰等艺术家和设计师纷纷加入其中。

　　肖坚持将新的住宅样式与工艺美术运动、美学运动拉开距离，但它的发展却趋同于美学运动所主张的艺术态度——实现自我价值而非为宗教或其他精神目的。安妮女王复兴的室内风格很少和建筑外观相吻合，它从 15 世纪至 19 世纪早期的英国、希腊、日本、意大利文艺复兴及当代的流行中找寻灵感并加以折中。墙面和平顶贴以风格化的花卉图案墙纸，原先复杂的窗帘盒和装饰帷幔被暴露的窗帘杆和宽松折边的绣花织物窗帘所替代，

图 4.15　伦敦斯旺住宅客厅，1876 年，诺曼·肖设计，安妮女王式坐椅，工艺美术风格墙纸，莫里斯公司出品的大钢琴等，为维多利亚式风格

日本的绘画、屏风、折扇，东方和荷兰的青花瓷器，西班牙摩尔式镀金餐具，土耳其瓷砖以及波斯地毯等为空间增添了不少异域风情。安妮女王复兴的家具造型回应了建筑的形式语言，从 17 世纪与 18 世纪齐彭代尔式 [14] 和谢拉顿风格 [15] 中汲取灵感，家具腿精巧典雅，陈列柜、转角橱等常带有断山花饰或曲线形山墙，正面呈齿状或弓形。家具用材早期全为乌木，20 世纪 70 年代桃花心木、玫瑰木等轻质木材受到欢迎。在安妮女王复兴的家具中，还可以发现在诸如椅背薄板、柜门、家具腿上带有兽蹄、鹰爪抓球等细节，延续了中国明式家具元素，高大轻盈，富有垂直感。

肖的自宅是安妮女王复兴的典范，不对称的室内格局装饰精美，大餐厅梁架暴露，墙面为半浮雕墙纸，画室设置了 18 世纪晚期风格的壁炉，明亮的瓷砖贴面，伊丽莎白风格的抹灰中楣，加上 18 世纪的家饰品及大量东方块毯，使人置身于一个充满多元风格的中产阶级居室环境中。

美学运动和安妮女王复兴是 19 世纪后期发起于英国的两大艺术装饰风潮，强调个性和自由的品位是它们共同的美学主张。美学运动初期是以莫里斯公司的成立为标志，受到日本艺术和东方文化的强烈影响，而安妮女王复兴不受宗教和精神的历史束缚，为大量城镇住宅、半独立或独立式别墅提供了丰富多样的风格样式，深受反对传统价值观和哥特复兴人群的欢迎。唯美主义主张人人都能享用美观而又品质优良的生活器物，然而简化复杂性以及手工艺所换来的高昂成本只有中产阶级才能负担，因此美学运动最终发展成为一次不折不扣的中产阶级美学风尚。安妮女王复兴同样受到英国中产阶级的青睐，它与美学运动一样较之其他风格更适宜家居装饰，为住户提供美学需求的同时也提升了英国住宅的知名度。

注释

1　引自 Lionel lambourne. The Aesthetic Movement. Phaidon Press Limited,1996: 49.

2　原书名为 The Seven Lamps of Architecture. 刘荣跃主编，张璘译。山东画报出版社，2006.

3　1851 年第一届世博会在英国海德公园内成功举办，该盛会由英国女王丈夫阿尔伯特亲王筹办和主持。世博会结束后，阿尔伯特亲王在伦敦南肯辛顿区筹建了国家级博物馆，这是维多利亚与阿尔伯特博物馆的前身。1873 年英国政府建立了一个政府设计学校，专门为制造商培养艺术设计师，1852 年，政府设计学校与阿尔伯特亲王担任主席的皇家艺术协会建立的工业博物馆合并，由时任英国科学与艺术部部长亨利·科尔（Henry Cole）担任政府设计学校总负责人，该校也更名为中央培训学校（皇家艺术学院前身）。

4　原书名为 The Grammar of Ornament.

5　1638 年日本驱逐了所有驻扎在海岸线上的外国船只，进入到一个几乎全面自闭的状态，那时期日本既无战争也无贫穷，艺术在平和的社会发展中达到了高峰。

6　日本主义，英文为 Japanism。19 世纪后半期在欧洲（主要是英国和法国等文化

　　领导国家）和美国掀起的一种和风热潮，盛行了 30 年之久，是对日本美术的审美崇拜。19 世纪中叶锁国 200 多年的日本在西方列强的武力威逼下被迫打开国门，日本艺术品大量流入欧洲，并且 1867 年巴黎世博会上展出了大量日本艺术品，成为日本文化传播的一大转折点。这股和风热潮影响整个美术领域，至第一次世界大战前后逐渐退潮。

7　英日风，英文为 Anglo-Japanese Style。在 1851—1900 年期间日本的艺术和设计影响着英国的艺术，包括装饰风格、家具、建筑以及美术。英日风格作为东方文化的一个组成部分是美学运动的一大特征。

8　全称为"美国独立百年博览会"。费城是美国第二大城市，此次世博会共建造了 167 幢建筑，有 5 个主要展馆，主楼长 573m，宽 141m，高 40m，其余为美术馆、机械馆、农业馆和园艺馆。费城世博会将美国先进的工业技术和优良产品展现在世界各国面前，有许多新技术首次露面，如贝尔德电话、爱迪生复试电报、胜家缝纫机等。

9　原书名为 Hints on Household Taste. 该书自 1868 年出版后历经多次重印，成为 19 世纪居家设计史上最重要的出版物之一，为无数建筑师、制造商、装潢师以及居住者提供了新设计哲学。它告诉人们什么是正确、美丽和有效的生活方式，对维多利亚时代生活的许多方面产生不可估量的影响。

10　鸟居清信（1664—1729）的父亲鸟居清元擅长戏剧广告画，而清信也继承父业在演员画领域里发展出独特的风格。他的作品不是写实的演员肖像画，而是通过服装以及一些程式化的外形来表现人物，画面构图夸张大胆，通过"葫芦手足"和"蚯蚓描"的笔法表现出日本歌舞伎豪放的表演特点，广告招贴画的意味很浓。

11　歌川广重（1797—1858）又名安藤广重，师从歌川画派的歌川丰广，他的名字中的"广"字便来自他老师的名字。歌川广重是第一个强调季节感的浮世绘画师，注重自然风景的四季变化和心理感受，画面带有浓重的抒情味道和文人情趣，这种风景画风被称为"广重风格"。

12　英国设计师们在 1870—1880 年间喜爱用柳条、藤、竹等来自东方异国的材料制作家具，使它们具有轻巧、易搬动的特点。

13　原书名为 Japan Its Architecture，Art，and Art-Manufactures.

14　托马斯·齐彭代尔（Thomas Chippendale，1718—1779）是英国家具界最有成就的洛可可家具设计师，也是第一个以设计师名字命名家具风格的家具师。齐彭代尔 1754 年建立了包括工厂、仓库、商店、办公室在内的齐彭代尔商行，从事较大规模的家具生产，并在同年出版了《室内装饰和家具设计图册》，在业界名声大振。齐彭代尔式坐椅最具代表性，它取消了椅背用毛纺面料包覆的做法，改用轻巧美观的木板透雕靠背，受到家具界的极大推崇。

15　托马斯·谢拉顿（Thomas Sheraton，1751—1806）是英国 18 世纪后半叶新古典时期的后起之秀，被公认为英国家具界最后也是最卓越的一位，同时也是作家和制图教师。1791 及 1802 年他分别出版了对英国家具界起着决定性影响的两本著作《橱柜工匠与软包师图集》(The Cabinet-Maker′s and Upholsterer′s Drawing Book) 及《橱柜家具辞典》(The Cabinet Dictionary)。谢拉顿设计的家具形体上小巧修长，给人精致玲珑的感觉，早期作品极为杰出，特别是橱型写字台、边柜、衣橱和高脚柜等，晚期作品受法国帝政风格的影响，逐渐以曲线结构取代了早期的直线形式。

第5章 **从霍塔到高迪**
Chapter 5 **——新艺术运动有机曲线风格**

From Victor Horta to Antoni Gaudi—Organic and Natural Style
of Art Nouveau

从装饰角度而言，我的原理可能是新的，但它来自希腊人已经用过的手法……我只不过是应用了勒·杜克的理论，但并未受中世纪的迷惑。

——赫克托·吉马德 (Hector Guimard)[1]

建筑上运用直线曲面是理所当然的，因为它形态优美，建造简单。

——安东尼·高迪 (Antoni Gaudi)[2]

新艺术运动（Art Nouveau）是19世纪末到20世纪初在欧洲和美国产生和发展的一次艺术装饰运动，涉及建筑、产品、家具、首饰、平面设计、书籍装帧、雕塑和绘画艺术等诸多领域。新艺术运动得名于德国艺术商萨缪尔·宾（Samuel Bing，1838–1905）在巴黎开设的名为"新艺术之家"（La Maison Art Nouveau）的商店，从1895年开始漫延到法国、比利时、荷兰、意大利、西班牙、德国、奥地利、斯堪的那维亚、中欧各国、俄罗斯、美国，至1900年巴黎世博会达到顶峰。新艺术在当时的欧洲各国称谓不同，德国称"青年风格派"（Jugenstil），奥地利维也纳称"分离派"（Sezession），英国称"现代风格"或"自由风格"（Modern Style, Liberty Style），西班牙称"现代主义风格"（Estilo Modernista），1910年前后新艺术运动逐渐让位于装饰艺术运动和现代主义运动。

促成新艺术运动产生和发展的因素是多方面的。首先普法战争之后欧洲处于一个较长时期的和平期，政治和经济形势稳定，许多新旧思潮互相碰撞，不少新近独立的国家力图跻身于世界工业强国之林，在竞争激烈的国际市场中需要一种非传统的新艺术表现形式来展现自身的实力；其次，工程师和设计师在技术上对于探索新材料和新结构有着极高的热情，艺术家们则对于维多利亚时期的历史折中主义装饰有着厌恶和叛逆的心态。如火如荼的英国工艺美术运动通过各种展览和出版物在欧洲大陆广为传播，莫里斯和他的追随者们十分强调装饰与结构因素的协调性，他们摒弃了传统装饰纹样，主张从自然界及东方艺术中寻找灵感，新艺术运动则把这一过程推向了极致，但却少了前者鲜明的反工业化立场。这一场以新艺术为中心的设计运动在1890–1910年间达到了高潮。

新艺术运动的发展经历了从早期有机曲线风格向后期直线几何风格转变的过程。比利时、法国和西班牙为代表的早期新艺术运动在建筑和室内中运用了大量华丽生动的曲线装饰，以大自然的花草、海藻、小鸟、昆虫等生命形态为创作主题，走出了一条以有机生命为题材的新装饰主义风格；而以奥地利为代表的直线几何风格则朝着更为抽象和象征主义的方向迈进，两者都完全颠覆了历史主义语汇。

5.1 比利时新艺术运动

比利时是新艺术运动的发源地，是欧洲大陆工业化最早的国家之一。比利时虽小，但工业发达，国家安定，首都布鲁塞尔自19世纪初以来就已是欧洲文化和艺术中心之一。追溯"新艺术"一词，可以发现最早出现在比利时的艺术评论上，此后该词通过德国出版商宾用来命名出售当代艺术家作品的巴黎艺术商店而逐渐流传开来。19世纪晚期工业制品的艺术质量问题日益突显，世纪之交布鲁塞尔开始了新艺术运动，出现了一些典型的新艺术风格作品，吸引了众多艺术家和建筑师如亨利·凡·德·费尔德（Henry van de Velde，1863-1957）、约瑟夫·霍夫曼（Josef Hoffmann，1870-1956）、赫克托·吉马德（Hector Guimard, 1867-1942）、家具设计师古斯塔夫·博维（Gustave S. Bovy，1858-1910）、珠宝设计师菲利普·沃尔弗斯 (Philippe Wolfers，1858-1929)、画家古斯塔夫·克利姆特（Gustav Klimt，1862-1918）等纷纷来此观摩学习。比利时新艺术运动以功能性建筑著称，也涵盖了陶艺、首饰、家具和金属制品。

5.1.1 维克多·霍塔

比利时新艺术运动中最富代表性的人物是维克多·霍塔（Victor Horta，1861-1947）和亨利·凡·德·费尔德。霍塔是比利时最受注目的建筑师之一，他设计的塔塞尔旅馆（Emile Tassel House，1893-1897）被认为是新艺术风格的第一座建筑。霍塔早在15岁就开始接受职业建筑师的教育，在巴黎完成两年学业后迁居布鲁塞尔，在比利时皇家艺术学院学习，后又到巴黎美术学院深造，1912年霍塔担任比利时皇家艺术学院教授及院长，这些经历在他浪漫的装饰化设计中有所体现。霍塔的设计深受法国印象派艺术的影响，是美学功能主义和个人主义的结合，尽管他为富有的朋友们建造别墅，但还保持一份对美学和社会的真实审悟。1895年后霍塔几乎全面转向公共建筑设计，甚至包括墓冢和雕塑，3年后他兴建了自己的住宅和工作室。

塔塞尔住宅标志着霍塔事业的成熟期，这幢3层传统联排式住宅立面狭窄而有古典意味，开放的内部空间格局打破了19世纪以来巴黎旅馆的固有模式。霍塔引进了玻璃顶棚的概念，消除了当时楼梯间常有的昏暗感，将原本隐藏的铁质拱券和桁架暴露出来，藤蔓般相互缠绕和扭曲的有机线条通过地坪、墙面、构造铁柱、楼梯栏杆、灯具、彩色玻璃门等蜿蜒伸展在整个空间中，起伏有力的线条不仅具有装饰作用，也与结构相关，成了比利时新艺术的标志性特征。

霍塔继续着铁艺和石材间的对话试验，设计建造了一系列城市住宅——索尔维住宅（the Solvay House，1894年）、人民会馆、霍塔自宅（1898）等。霍塔的自宅和工作室如今被完整地保留下来，作为霍塔博物馆向公众开放。自宅简朴的外观掩饰了一个极其富丽动人的室内景象，引人注目的曲线锻铁楼梯在透过彩绘玻璃顶棚的微妙光线下闪烁着奇特的光芒，并通过镜面得到了最大的反射。住宅建筑本身和所有室内物品都成为霍塔设计思想的最真实写照，钢铁建材的使用、自然有机的藤蔓装饰、住宅立面的镶嵌或拉毛工艺将比利时新艺术风格的典型特点都一一呈现出来。这栋住宅虽规模不大，但记录下霍塔对于比利时城市住宅的一个伟大创举——以采光中庭为中心围绕布置房间的格局，这对于当时布鲁塞尔和比利时传统住宅的采光模式无疑是一次极大的改进。

图 5.1　布鲁塞尔凡·埃特费尔德旅馆（Hotel van Eetvelde）八角形楼梯厅，1895 年，霍塔设计，有结构和装饰双重作用的铁柱暴露出来，支撑起顶棚的玻璃采光穹顶，颇有些伦敦"水晶宫"的味道

5.1.2　凡·德·费尔德

　　凡·德·费尔德是早期现代主义建筑师、设计师和教育家，在比利时和德国声名显赫。费尔德最初在家乡学习绘画，后赴巴黎深造，受英国拉斯金、莫里斯及美国沃伊齐的思想影响，兴趣逐渐转向设计。他早期作品有后印象主义凡·高、高更以及新印象主义点描派的神韵，后被象征主义所吸引，进而投身于新艺术运动中。1895 年凡·德·费尔德设计建造了自己的住所，室内一切物品都由设计师本人完成，创造了一个高度和谐的室

图 5.2　绅士书桌（1903）、扶手椅（1899）均为凡·德·费尔德设计。该书桌被称为"外交官书桌"，是凡·德·费尔德最出色的作品之一

图 5.3　凡·德·费尔德为室内配套设计了大量灯具，这是其中一款吊灯，1906 年设计

图5.2

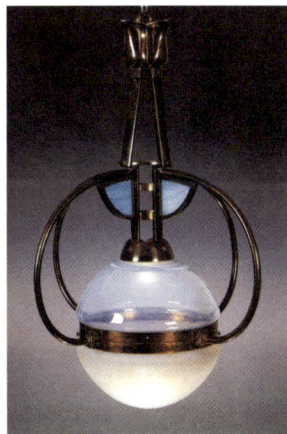

图5.3

图5.4

图5.5

图5.4 柏林哈贝理发店男士部，1901年，凡·德·费尔德设计，理发店整齐的功能划分和带有设计师显著风格的化妆台使人眼睛一亮

图5.5 哈贝理发店理发化妆组合柜，整个化妆台呈对称格局，木质背板两边为挂衣板，中央上部镶嵌镜面，下部为洗发台，背板嵌饰大理石、挂衣钩、柜门把手、水龙头为抛光黄铜，与深棕色木纹形成对比

内外环境，标志着他从平面设计转向建筑设计。凡·德·费尔德应德国艺术商宾之邀设计了巴黎的"新艺术之家"商店，融合了日本的装饰细节和莫里斯的设计哲学，为他在欧洲带来了很高的知名度。

凡·德·费尔德1900年来到柏林，被视为即将到来的新风格引路人，次年被魏玛大公邀请作为魏玛工艺美术顾问。自1903年访问希腊和中东后，凡·德·费尔德被麦锡尼及亚述文明的力量感和纯洁性所折服，尝试与维也纳分离派及古典主义拉开距离，力求创造出一种"纯洁"的有机形式。1906年在魏玛大公资助下，凡·德·费尔德设计了日后成为包豪斯学校前身的魏玛工艺美术学校大楼，两年后出任该校校长直至一战结束。

凡·德·费尔德在比利时阶段主要从事室内、家具、染织品及少量平面设计，而在20世纪初来到德国后则扩大了设计范围，涉足了建筑以及新

图5.6 魏玛大公博物馆馆长室修复方案，1907年，水彩效果图，凡·德·费尔德设计

图 5.7　尼采档案馆讲座室，1902-1903 年，凡·德·费尔德设计，1991 年细心修复后部分对外开放。该项目由尼采姐姐委托，经过高达 4 万马克的修复后恢复了原貌，部分开放供人参观

艺术风格的银器和陶艺作品。装饰与结构相结合的弧线造型成为凡·德·费尔德室内和家具设计的标志性语言，与霍塔的线条相比，凡·德·费尔德的弧线柔中带刚，舒畅有力。1901 年柏林哈贝理发店是他自由发挥装饰的最后作品，1902 年尼采档案馆室内设计是凡·德·费尔德在魏玛最早也是最优秀的室内作品之一，1914 年科隆德意志制造联盟剧院将演员与观众、剧院与周围环境融为一体而深受好评，成为他"形式—力量"美学的最后一个作品。

除了建筑和设计外，凡·德·费尔德还以积极的理论家和雄辩家著称，被人称为欧洲大陆的"莫里斯"。他是现代理性主义设计的先驱，曾提出"产品结构合理、材料运用准确、工作程序明确"的三条基本原则。他主张设计和批量生产中的合理化，但不排斥装饰，力求"合理"地应用装饰以表达出产品的特点。凡·德·费尔德思想的双重性使他在 1914 年与德国现代设计奠基人穆特修斯在围绕现代设计标准化问题上展开了一场激烈的学术辩论。

5.2　法国新艺术运动

法国新艺术风格在 1900 年巴黎世界博览会上崭露头角后持续了 20 余年。作为学院派艺术的中心，法国在建筑与设计传统上崇尚古典历史主义，受唯美主义与象征主义的影响，自 19 世纪末法国出现了一些杰出的新艺术作品，以动植物纹样为创作灵感，弯曲流畅的线条流露出一种富丽典雅的装饰效果。

5.2.1 巴黎学派

19世纪末20世纪初的巴黎处于欧洲现代艺术与设计的中心，汇集了世界各国的前卫思想和潮流。出于对机械化大工业及维多利亚风格的反感，巴黎设计师们在1895年左右积极探索一种新的设计方向，并借鉴英国工艺美术运动的主张，很快在20世纪初发展起来，蔚为壮观。巴黎的新艺术运动以宾的"新艺术之家"、"现代之家"设计事务所及"六人集团"[3]为三个影响最大的设计中心。

吉马德

巴黎设计师赫克托·吉马德（Hertor Guimard，1867-1942）是巴黎"六人集团"中成绩最突出的一个，是法国新艺术运动巴黎学派的代表人物。吉马德生于里昂，曾在巴黎两所最重要的艺术学院——国立高等装饰艺术学院和国立高等美术学院接受正统的专业训练。法国建筑师勒·杜克的激进理念和比利时建筑师霍塔的建筑作品给了他深刻的影响。1895年吉马德赴布鲁塞尔参观了霍塔最受瞩目的塔塞尔旅馆，三年后完成了巴黎第一栋新艺术建筑——贝朗热公寓（Castel Beranger，1898）。吉马德一生都在不断探索建筑、室内和装饰这三种艺术形式的造型语言，并努力将它们整合成一个完整的艺术体系。贝朗热公寓是吉马德实施整体设计的典范，从建筑、室内、家具陈设到建筑辅助设施都贯彻了他的设计思想。在这栋传世建筑上，吉马德将变化多端的石、砖、陶、铁、玻璃等不同材料巧妙组合起来，新哥特式的建筑外表与充满原始生命联想的铸铁细工及多彩陶片装饰的室内形成了强烈的视觉反差，受到巴黎资产阶级的热捧。

吉马德对巴黎的最大贡献是建造于19世纪末20世纪初数量庞大的巴黎地铁车站，1899-1913年的15年间吉马德受巴黎地铁公司的邀请为巴黎总共设计了141座新艺术风格的地铁车站出入口，这些设计以"城铁风格"（Style Metro）命名，其中86座得以保留至今，成为巴黎最重要的新艺术文化遗产之一。"城铁风格"与"比利时线条"颇为相似，所有地铁入口的栏杆、灯柱和护柱全都采用青铜铸造，地面进出口的顶棚常采用海贝造型的铸铁骨架加柔光处理的磨砂玻璃，扭曲的树干和文字站名、缠绕的藤蔓、羊齿植物状的浮凸细部以及风格协调的壁面彩绘装饰，使过往乘客犹如进入了一座座轻盈舒展的新艺术风格美术馆。这些车站中以"皇太子妃门站（Porte Dauphine)"尤为著名。

吉马德对每一处设计都倾注了大量心血，以至灯具、家具、壁炉、挂钟乃至门把手都成为一件件独立的艺术品。然而这些作品因造型复杂无法批量生产，直到1920年他才推出了第一批标准化家具并于1925年在巴黎装饰艺术展上展出。尽管吉马德的风格被日后的几种风格所取代，但他打破传统约束的创新精神为后人树立了榜样。

图5.8　贝朗热公寓入口铁门，新艺术风格代表作

图5.9　巴黎二号线"皇太子妃门站"，典型的新艺术风格，顶棚采用海贝造型的铸铁骨架配以磨砂玻璃，加上扭曲变化的站名和壁面彩绘装饰，使人们犹如进入一个新艺术风格的博物馆

5.2.2　南锡学派（Nancy School）

　　南锡是法国东部洛林地区的首府。19 世纪末南锡一些艺术家、工匠和制造商们由埃米尔·加莱（Émile Gallé，1846—1906）领导，形成一个松散性组织，设计和制造以植物等有机形态为题材的家具、玻璃、金属和陶艺制品，具有强烈写实的新艺术风格。1901 年这个组织正式成立工业美术联盟，并推举加莱为主席。作为法国新艺术运动的分支，南锡学派的宗旨是"处处有艺术，艺术为人人"（Art in everything，Art for everyone），与巴黎学派相比，尽管两者题材都来源于自然，但南锡因特有的地理位置而有着更多的哥特情结和美学影响，此外日本和摩尔风格也在该时期留下了烙印。

加莱

　　加莱出生于富裕的家具商家庭，学生时期对语言学、哲学、植物学和化学表现出强烈的兴趣。20 岁那年他在父亲的玻璃车间实习，并在魏玛学

图5.10 白底风景套色花瓶，1904–1914 年，加莱设计

图5.11 蘑菇式套色台灯，1904 年，加莱设计

图5.10

图5.11

习制图和模型设计。1867 年 21 岁的加莱在家乡创立了自己的玻璃工场，从此走上了一条玻璃艺术创作之路。加莱的玻璃制品形状丰富，品种有套色浮雕玻璃、仿宝石和玛瑙玻璃以及乳色玻璃等，装饰上采用了珐琅、雕刻、贴花、玻璃镶嵌、吹模、酸腐蚀、金银镶嵌等诸多工艺。加莱早期作品具有透明或半透明的胎质、古典造型及涵盖世界三大宗教文化的装饰纹样等特点，后期的装饰多以大自然为题材。通过研习植物学，加莱对花草方面的学识不断增长，百合、兰花、菊花、蕨类、睡莲和橡木等成为他作品的常用装饰主题，同时他也钻研动物学，蜻蜓、蝴蝶等可爱的昆虫形象也是他作品中的常客。这些玻璃作品体现了艺术与技术的完美结合，在 1884 年和 1889 年的世界博览会上获得了极高的赞誉，成为衡量竞争者的美学标准，美国纽约同行蒂法尼也专程到法国参观和学习他的作品。

图5.12 果木边几，高 217cm，1899 年，加莱设计

除了玻璃，加莱也擅长家具制作和镶嵌工艺，尽管加莱的家具没有他的玻璃制品那样创新，但仍富有个性。他早期的家具有些笨重，但很快结合了洛可可风格的树叶、花卉造型以及日本画的特点，设计趋于轻巧华丽。家具的扶手、椅腿和靠背以植物或昆虫雕刻为点缀，大部分平面采用镶嵌装饰，主题包括花卉、风景、诗句甚至名言。1900 年加莱在《装潢艺术》双月刊一文中指出，设计师的灵感之源是自然，家具设计的主题应与产品的功能性相一致，由此加莱成为法国新艺术运动中最早提出设计必须考虑功能原则的设计师。

道姆

道姆玻璃公司在南锡学派中非常活跃，公司创始人吉恩·道姆（Jean Daum，1825—1885）原为一名公证人，年过半百的他迁到洛林地区后买下了南锡一家玻璃厂，开始生产瓶、杯、果盘等日用玻璃器皿。1885 年吉恩去世后，他的两个儿子继承父业，他们配合默契，一个负责管理，一个负责设计，使玻璃厂渐渐走出了经营的困境。道姆兄弟参照加莱的成功模式，生产多层套色蚀刻玻璃器皿，并用不同浓度的氢氟酸营造出不同的表面效果。蕨类、葡萄、玫瑰、芦荟、牵牛花等植物或风景题材被大量运用，色泽淡雅，表现细腻。道姆玻璃在 1895 年布鲁塞尔展览会上获得官方嘉奖，产品开始打进国际市场，1900 年巴黎世博会上又获头奖。正是因为不循规蹈矩，不断推陈出新，道姆玻璃才获得一个又一个的成功。

5.3　西班牙新艺术运动

从 19 世纪伟大的浪漫主义画家戈雅到 20 世纪立体主义绘画宗师毕加索，以及后来的米罗、达利等现代绘画大师，西班牙近现代艺术的突出成就为新艺术运动的发展营造了浓厚的艺术氛围。在整个新艺术运动中，西班牙天才建筑家高迪（Antoni Gaudi，1852—1926）是其中最引人注目、最富创新精神的人物，他与比利时的新艺术运动虽然没有渊源上的关系，但在审美观上却有相似之处。高迪几乎所有的作品都集中在加泰罗尼亚首府巴塞罗那，城市中至今多达 7 处被列为世界文化遗产，[4]这个有着两千多年历史的地中海沿岸城市成为一座名副其实的"高迪之城"。

5.3.1　高迪的设计风格

高迪出生于加泰罗尼亚小镇雷乌斯，身为锅炉师的父亲将高迪带入一个手工艺的世界，教会他如何制作铜板、识别金属的各种属性，而高迪却渴望成为一名建筑师，他在巴塞罗那就读的学校仿效德国模式，将建筑和工程紧密联系起来。高迪在空间几何、建筑计算以及其他偏向技术的学科方面有着过人的天分，结合之前在木匠、铁匠、玻璃匠、陶瓷匠作坊中学来的手艺，他的作品和思想始终处于艺术与技术、传统与创新、理想与现实之间的博弈状态。1878 年是高迪职业生涯中最为关键的一年，他不仅获得建筑师称号，更重要的是在巴黎万国博览会上结识了他生命中最重要的朋友和项目委托人——实业家欧塞比·居尔（Eusebi Güell，1846—1918），居尔被高迪的独特才华所吸引，也被他对平民大众的社会责任感和加泰罗尼亚的民族观所折服。

高迪的设计带着浓厚的地方文化和传统的烙印。他的风格形成经历了几个阶段，早期侧重于东方伊斯兰风格，这与 18 世纪阿拉伯摩尔人对加泰罗尼亚地区统治的历史相对应；同时受法国的勒·杜克和英国拉斯金理论的影响，对新哥特式风格有所偏爱；中年之后随着设计风格的日渐成熟，开始向大自然寻找灵感，形成一种带着强烈个人特征的有机主义和象征主义的形式语言。在高迪的眼中，海浪的弧度、海螺的纹路、蜂巢的格致、神话人物的形态都可以成为他的创作素材。他拒绝直线，用灵动的曲线和丰富的色彩来表达思想，他遵循勒·杜克的教导，反对简单的复古和抄袭，努力开拓视野和技术手段，保持了设计的原创性。

5.3.2　高迪的主要代表作品

居尔宫（Palau Güell，1886—1889）

居尔宫处于巴塞罗那闹市中一条狭窄小街，不管站在何地，都很难看到居尔宫的全貌。居尔宫有带马厩的地下室、门房和车库，底层、二层都有夹层，办公室、餐厅及会议室都围绕主厅布置。大厅上空为穹窿顶，内设一架管风琴，主人常在此举行音乐会或其他文化活动。建筑外观装饰不多，但是屋顶却是高迪发挥设计创意的舞台，矗立着多个形态各异、色彩斑斓的通风塔。

居尔公园（Park Güell，1901—1914）

居尔公园位于巴塞罗那郊区的一块高地上，总面积达 15hm²，是高迪第一次将艺术、设计、雕塑神奇般融合于一体的作品，并在其间居住了 20 多年。居尔对英国式花园情有独钟，希望能在城郊为加泰罗尼亚地区的富有阶层建造一个新英国模式的 "城市花园"。原计划建造 60 栋房屋，周围有园林、公路、广场，可是由于地理位置太偏，开发结果不理想，最终只建成两栋，其他建成的景观有公园门卫室、百柱厅、蛇形露天广场等。1922 年巴塞罗那政府从居尔手中买下地产将其开放给市民作为公共花园，这个未完成作品在高迪身后 60 年却戏剧性地被列为世界文化遗产。整座公园绿意盎然，道路依山貌而建，保留了 60m 的原有落差，主石阶全部采用碎瓷拼图，中间水槽上爬着一个五彩蜥蜴，它既为装饰，也是百柱厅下方蓄水池的隐蔽溢口，上层广场的雨水通过柱子内部管道被汇集于此。百柱厅的 86 根陶立克柱子支撑起上层的希腊式剧场，颇为壮观。上部广场的波浪形长椅由缤纷绚烂的彩色瓷片拼嵌，在大片的绿色背景中耀眼夺目。不仅如此，椅子

图5.13

图5.14

高度、背部弧度以及间隔恰到好处地保持了朋友之间促膝谈心的最佳距离，符合人体尺度。公园除了高迪早期的摩尔风格外，还夹杂着强烈的有机风格和表现主义色彩。

巴特罗之家（Casa Batlló，1904—1906）

巴特罗之家是一项改造项目，高迪对这栋建于 1877 年的旧建筑进行从里到外的全面整修。正立面下部采用曲浪形的骨状石柱，向上延伸到二层和三层石台处，其他部分的立面呈波浪状，表面铺贴彩色玻璃锦砖和瓷砖，并增加了带有铁艺护栏的阳台。屋顶灵感来自于加泰罗尼亚守护神圣乔治的传说，弯曲的屋顶象征龙脊，立体十字架正如一把利剑插在龙脊上，整个建筑装饰从外到内充满着海洋气息——起伏的海浪、嶙峋的波光、蓝色的海水、隐秘的洞穴、遥远的海怪鳞片，展现了高迪极其丰富的想象力以及对自然界中壳体、骨架、熔岩、翅膀及花瓣等各种形状结构的独特诠释。巴特罗公寓中央设采光内院，墙面贴满了白色到海军蓝之间不同色系的瓷砖，上深下浅，窗户大小亦遵循着上宽下窄的原则，以求引入最多可能的自然光。

米拉公寓（Casa Mila，1905—1910）

位于街角的米拉公寓俗称"石头屋"，是新艺术运动的非主流作品。整座大楼立面包覆蚀刻状石材，铁柱和石柱支撑不同高度的铁梁。外墙面和屋面高低起伏，宛如波涛汹涌的海面，富有动感。高迪尝试了对传统体系的变革，如圆形庭院基座建于一个辐射形的伞状铁框架之上，在

图 5.13 居尔公园的大台阶和蜥蜴装饰

图 5.14 巴特罗之家主厅，高迪设计，1904-1906 年，室内像一个波涛翻腾的海底世界，充满着曲线装饰

图 5.15　米拉公寓屋顶平台，通气口、楼梯间上口等被高迪设计成形态各异、错落有致的象形主义雕塑，生动有趣

原为马厩和车库的地下室可以看到。最有趣的是公寓的景观屋面，众多的通风塔、烟囱、天窗都—— 被高迪巧妙化解为一系列奇形怪状的装饰物，有披上全副盔甲的军士，有神话中的怪兽，有教堂大钟，这些生动奇特的造型使得米拉公寓建成后很快吸引媒体和公众的注意，并最终成为著名的城市地标。

圣家族教堂（Sagrada Familia，1882—　）

这是高迪一生中最重要、最伟大的建筑作品，也是巴塞罗那的城市象征。自 1883 年高迪开始主持该工程到 1926 年去世，在该项目中倾注了他长达 43 年的宝贵时光，尤其是在生命的最后 12 年里，高迪完全谢绝了其他工程，全心致力于圣家族教堂的建造。圣家族教堂最初为新哥特式风格，高迪在此基础上设计了三个中殿、十字厅堂和半圆形后殿。教堂共有 18 座锥形塔，12 座塔代表耶稣的 12 个门徒，另四座代表四位福音传教士，一座代表圣母玛丽亚，最高的则为耶稣本人。高迪设计的三个宏伟立面以隐喻的手法象征耶稣一生的三个阶段：诞生、受难和复活。教堂中随时可以看见用石材做出的复杂云彩、冰柱和圣经人物等造型，而树状结构柱以 7.5m 的柱网分布，是高迪独一无二的设计。170m 高的梭状高塔、五颜六色的陶瓷锦砖装饰、螺旋形楼梯、栩栩如生的雕像，纪念碑般地昭示着不朽的神灵，给人强烈的视觉冲击力。

高迪最杰出的成就是将复杂的几何结构造型与建筑艺术巧妙结合，他偏爱抛物面、双曲面和螺旋面，对几何和空间的研究超越了建筑史所

图 5.16　圣家族教堂正面全景

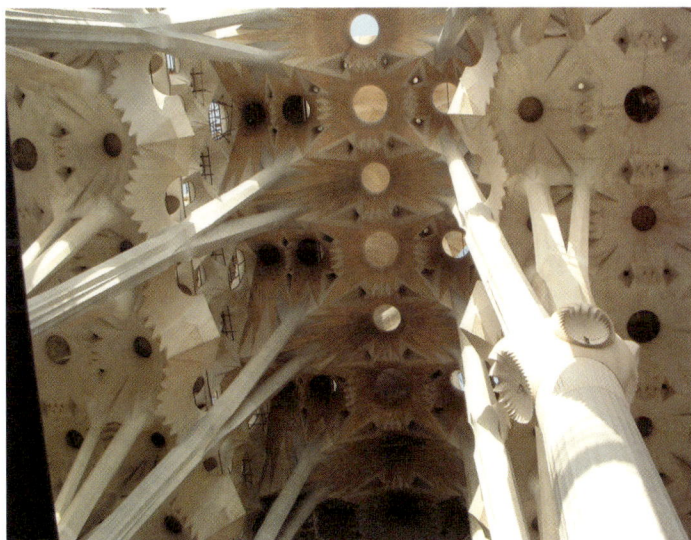

图 5.17　圣家族教堂内部树状结构柱，灵感源自他工作室外的大树

有前人，对当代几何学提出了挑战。高迪在居尔宫入口处采用了大曲度拱门设计，在自己工作室和圣家族教堂临时学校里引入了锥形曲面屋顶，在圣家族教堂圣婴降生门的四座塔楼上采用了弧度极强的抛物面。高迪借助双曲抛物面、双曲拱顶、对旋柱、悬链式结构、螺旋面等一系列复杂的几何手段从早期哥特式风格的巢穴中脱离出来，进入到一种更为自由随性的创作境界。

图 5.18 五彩斑斓的碎瓷拼图在居尔公园里到处都是，是高迪作品的一大特色

图 5.19 卡尔韦特之家的扶手椅

　　用色彩斑斓的上釉碎瓷拼贴是高迪风格的一大特色，从独树一帜的屋顶烟囱到居尔公园的曲浪形长椅都可以看到它的绚丽身影。高迪的家具作品不多，但每一件都是为特定的空间设计，奇特的造型隐藏着他对人体工学的严密考虑，如巴特罗之家的栎木椅座面曲线可以很好地与臀部贴合，使人体能够稍前倾斜便于起坐；而把手门、抽屉拉手通常没有预期图纸，都是高迪直接通过手势用黏土和石膏固定塑型。

　　以充满活力的波浪形曲线为标志的新艺术运动从莫里斯的工艺改革运动发展而来，与西方艺术的自然主义相比，两者虽都以自然有机形态为创作素材，但新艺术运动对自然界没有简单模仿，而以更富想象力和更隐喻的方式来表现它们。无论霍塔、吉马德还是高迪，他们无与伦比的装饰才华通过心手合一的手工制作得到提升，也因为作品的完美和艺术化使得它们更稀有珍贵，其高昂的代价注定它们只能成为上流社会的宠儿，与社会大众拉开了距离。

注释

1　（美）肯尼斯·弗兰姆普顿著. 现代建筑：一部批判的历史. 张钦楠等译. 北京：生活·读书·新知三联书店，2004：66.

2　Daniel Giralt-Miracle. 高迪的世界——建筑，几何和设计（Cosmos Gaudi）伦沃格（Lunwerg Editores）出版社，2007：104.

3　"六人集团"成立于 1898 年，为六个设计家组成的松散设计团体，其影响比巴黎另两个集团要大得多，这六个人包括亚历山大·夏邦杰（Alexandre Charpentier，1856—1909）、查尔斯·普伦密特（Charles Plumet，1861—1928）、托尼·塞尔莫斯汉（Tony Selmersheim，1871—1971）、赫克托·吉马德、乔治·霍恩切尔（George Hoentschel，1855—1915）和鲁伯特·卡拉宾（Rupert Carabin，1862—1932）。尽管这六人不是组织严密的设计实体，但在设计理念上较为一致，都强调自然主义回归，设计风格颇为接近。

4　1984 年，居埃尔宫、居埃尔公园、米拉公寓首批三处被列为世界文化遗产。2005年，文森特住宅、居埃尔工业园教堂、巴特罗之家以及圣家族教堂也被联合国教科文组织宣布为世界文化遗产。

第6章 从麦金托什到分离派

Chapter 6

——新艺术运动直线几何风格

From Mackintosh to Vienna Secession—Cubic and Linear Style
of Art Nouveau

我对正方形本身以及使用黑白作为主要颜色特别感兴趣，因为这些清晰的要素还从来没有在以前的风格中出现过。

——约瑟夫·霍夫曼[1]

19 世纪末新艺术运动在奥地利和英国发展出与比利时、法国完全不同的设计风格，以格拉斯哥的查尔斯·伦尼·麦金托什（Charles Rennie Mackintosh，1868–1928）和维也纳分离派为代表，在建筑和装饰领域形成了以直线和几何造型为主的装饰风格。受 19 世纪末的象征主义影响，这一风格崇尚抽象神秘的图案和简练有力的体量，与新艺术风格早期所追求的自然主义有机形态相去甚远，为 20 世纪早期的现代主义指引了方向。

6.1　"格拉斯哥风格"和麦金托什

19 世纪末 20 世纪初，新艺术运动在欧洲大陆广泛流传，英国新艺术风格以"格拉斯哥四人"[2] 形成的"格拉斯哥风格"赢得了国际声誉。格拉斯哥在 16 世纪初已是苏格兰重要的宗教与学术城市，作为苏格兰对美洲贸易的中心，格拉斯哥的烟草业和造船业在 18 世纪飞速发展，19 世纪末成为英国第二城市。1880–1890 年格拉斯哥是各种艺术活动活跃的中心，法国、德国和意大利的先锋派理念由英格兰波及到格拉斯哥，令它充满了新奇和活力，城市建筑也从 18 世纪新古典主义转向以高塔楼和人字形山墙为特征的北部文艺复兴风格，并融合了当地民居特色。

麦金托什的设计风格在格拉斯哥四人中最为鲜明，他是世纪之交英国最重要的建筑师和设计师，也是一位杰出的画家和艺术家，在剑桥艺术史和世界工艺史上占有一席之地。麦金托什是一个多面手，作品涵盖了建筑、家具、灯具、玻璃器皿、彩色玻璃、地毯等多个领域，在奥地利和德国深受欢迎，其设计理念为同代人提供了重要的启迪和参考价值。

麦金托什早年在格拉斯哥的建筑事务所当学徒，后到格拉斯哥美术学院夜校学习制图，并与麦克唐纳姊妹一起共同承接设计项目。1891 年麦金托什获得奖学金去意大利旅行，回来后逐渐从新艺术运动的自然主义主流风格中摆脱出来，以简单的几何图形和黑白色系构成了他标志性的设计语言。他的平面创作深受日本浮世绘和英国插图画家奥布雷·比尔兹利（Aubrey Beardsley，1872–1898）的影响，注重线条应用和平面感，摒弃了欧洲艺术中对体量感的强调，尝试简单的纵横几何结构。1896 年苏格兰音乐回顾演出及同年的格拉斯哥艺术学院展览海报都具有上述特征。

1900 年对"格拉斯哥四人"来说是至关重要的一年。那年麦金托什受邀参加了当年的分离派第八届展览，通过霍夫曼的推荐和介绍，麦金托什引起维也纳乃至整个世界的关注。也在同年

图 6.1　孔雀裙，《莎乐美》插图，1893年，英国插图画家奥布雷·比尔兹利擅长用黑白线描来塑造人物形象，构图大胆，充满幻想，富有装饰感

图 6.2　格拉斯哥美术学院开幕海报，彩色平版印刷，麦金托什设计

麦金托什和麦克唐纳姊妹中的玛格丽特完婚，具有出色平面设计能力的玛格丽特日后成为丈夫最得力的助手，她的平面装饰图案以少女形象和卷曲植物为主，给丈夫的许多家具和室内作品增色不少。

图 6.3 格拉斯哥美术学院大楼由麦金托什设计，1897–1909 年

图 6.4 格拉斯哥美术学院图书馆内景

图 6.5 格拉斯哥美术学院顶层木构架屋顶

图6.3

图6.4

图6.5

　　1902 年麦金托什开始从事建筑设计以及配套的室内环境设计，项目包括小山住宅（Hill House，1902—1903）、格拉斯哥南园路住宅等。这些建筑外观简洁流畅，内部光线充足明亮。1909 年麦金托什为母校格拉斯哥美术学院设计的大楼融合了新艺术运动风格、现代主义和他独特的个人特征，成为 20 世纪的建筑经典。大楼有三个立面，用本地花岗石砌筑，第四个立面则采用面砖铺贴，尖顶、山墙、突出的角楼和浮雕装饰的窗檐赋予了立面强烈的哥特复兴特征，而室内肃穆深重的形象来自于不断重复的几何线形、深色木构架及其家具，混合着哥特风及和风，此外大楼还配备了先进的管道供热和通风系统。

　　麦金托什在室内设计方面也显示出过人的才华，他所设计的家具件件都是完美的艺术品，这从他 1900 年为自己设计的住宅中就可以体现出来。高背椅、墙裙、腰线以及方形吊灯强化了纵横线条交织后的秩序感；白色、淡黄色、浅灰色组成的主色调穿插着紫色图案，加上日式插花和装饰画的点缀缓解了几何造型所带来的硬朗感。值得一提的是在 1896—1917 年间麦金托什为同一个女性业主凯特·克兰斯顿（Kate Cranston，1850—1934）[3] 设计了十多个茶馆，掀起了一股世纪之交英国茶室运动。茶馆随着维多利亚晚期新兴中产阶级的兴起应运而生，成为继贵族俱乐部和法式餐厅后一个符合公共休闲交往的新场所，名气直逼维也纳咖啡屋。杨柳茶室（Willow Tea Rooms）是麦金托什茶室作品的代表，从色彩、家具、灯具、彩色玻璃窗等各方面展现了高度的设计完整性和原创性，成为英国茶室运动的里程碑。

图 6.6　风之丘别墅底层走廊，1901 年，麦金托什设计

图 6.7　小山住宅主卧室壁炉区，1902—1903 年

图6.6

图6.7

图6.8 杨柳茶室入口招牌，麦金托什设计

图6.9 杨柳茶室修复翻新后的二层一景

　　耐人寻味的是格拉斯哥美术学校成为麦金托什事业的起点也是终点，1914年麦金托什夫妇从苏格兰移居英格兰，因建筑业务的萧条而将兴趣转向绘画。在生命的最后十年里，麦金托什的生活状况每况愈下，最终在贫穷和孤独中离世。麦金托什的作品始终带有某种深邃神秘的象征意味，中世纪哥特和文艺复兴的教育和影响在他早期教会风格的作品中得以体现，威廉·理查德·莱瑟比（William Richard Lethaby，1857—1931）1892年出版的《建筑、神秘主义和神话》[4]一书为麦金托什设计哲学思想的形成提供了重要的理论依据。麦金托什处在一个厌倦旧风格、畏惧新风格的特殊社会时期，他继承了英国工艺美术运动的精神，也受到欧洲新艺术运动、美国的赖特及格林兄弟等先驱人物的启发。麦金托什创造出一种不随波逐流的新风格，在承认结构重要性的同时也强调适度装饰的必要性，被英国学术界称为工艺美术时期与现代主义时期的过渡性人物。

图 6.10 织物设计，"玫瑰与泪滴"，麦金托什作品，1915 年

6.2 瓦格纳和维也纳分离派

19 世纪晚期的维也纳不仅是欧洲一流的城市，也是欧洲艺术之都，汇集了来自欧洲各地的艺术家。经济的发展促使艺术和文化不再只被用来显示贵族的高雅富贵或教会的尊严荣耀，它已成为民众的公共财富和装饰手段。英国早期的拉斐尔前派鼓舞了世纪末的奥地利新艺术运动，不过中世纪的精神或社会改革热潮都未能改变奥地利的习惯和信条。伴随着 19 世纪 90 年代维也纳城市的扩张与现代化进程的加速，新兴的建筑工业与当时僵化的社会结构、官僚机构格格不入。

奥托·瓦格纳（Otto Wagner，1841—1918）是维也纳现代建筑和设计运动的主要领导人之一，他身兼建筑师、规划师、设计师、教授和作家数职，丰富的阅历和经验使他得以推动现代设计从 19 世纪向 20 世纪平稳过渡。瓦格纳年轻时先后就读于维也纳工程技术大学和柏林建筑学院，接受了严格的建筑设计教育，他的作品从 19 世纪中期到 20 世纪初期跨越了半个多世纪，内容涵盖了从城市规划到家具设计的广阔领域，同时他的设计风格也完成了从早期的历史主义到晚期的现代主义萌芽的转变。瓦格纳最初的建筑项目是城市住宅，且特别钟情于文艺复兴时期的典型风格，1900 年他的设计思想从原先对装饰性的注重转向对结构与功能的关注。作为一位影响深远的教育者和理论家，瓦格纳在 54 岁时出版了他第一部理论著作《现代建筑》[5]，书中他主张建筑和艺术应反映所处时代的背景特征，反对对历史风格的单纯模仿，激励广大有才华的学生青年投入到反学院派艺术运动中。

图6.11

图6.12

图6.13

图6.14

图6.11　卡尔斯广场站1898年，瓦格纳设计，图为该站屋角细部

图6.12　建于1904—1906年的维也纳邮政储蓄银行是瓦格纳最著名的晚期代表作

图6.13　邮政储蓄银行立面檐口细部，手臂高举的胜利女神雕像暗示了奥匈帝国顶峰期的共和仁政

图6.14　邮政储蓄银行营业大厅

　　瓦格纳对维也纳的贡献不仅体现在建筑和城市规划上，还体现在他为维也纳设计建造的30座地铁车站出入口上，这与法国的吉马德相仿。其中建于1898年的卡尔斯广场站（Karlsplatz）是座典型的转型期建筑，一方面巴洛克建筑的传统元素如中央小高顶、圆拱形门窗、屋顶上突出的小柱头与护栏的螺旋形装饰等仍是建筑外观的主要元素；而另一方面整个车站的钢铁金属骨架则清晰地展现了现代工程力学及其营造方式。车站的大理石墙面与外露绿色钢柱之间呈现出垂直切割与重复的线面关系，配合具有瓦格纳标签式的金黄色向日葵装饰图案，以一种相对谦虚低调且与"新艺术"不同的方式预示出维也纳分离派的未来之路。

　　奥地利邮政储蓄银行（Österreichische Postsparkasse，1904—1906）是瓦格纳最著名的晚期代表作，它与赖特的拉金大厦（Larkin Building，1904）以及贝伦斯的德国通用电气公司涡轮机车间（AEG-Turbinenfabrik，1908—1909）一起成为现代主义建筑运动最早的标志之一。邮政储蓄银行呈对称布局，屋檐饰以桂冠形花环，两侧伴有长着一对翅膀手臂高举向天的胜利女神像，

图 6.15 瓦格纳为邮政储
蓄银行设计的弯曲木扶手椅

象征奥匈帝国顶峰期的共和仁政。宽敞的营业大厅给人一种清新明亮的感
受，玻璃发光顶棚，白色磨光大理石地面，铝制的入口雨篷、扶手栏杆及
散热罩，几何形黑色榉木家具，构成了 20 世纪初期一个前卫现代的公共大
厅形象。

在瓦格纳的严格教导下，学生人才辈出，助手约瑟夫·玛丽亚·奥尔
布里希 (Joseph Maria Olbrich，1867—1908) 和学生约瑟夫·霍夫曼正是其中
的佼佼者。新艺术运动在他们看来已显落后保守，它倡导的″回归自然″
理念根本无法解决当前工业化的问题。在维也纳画家克林姆特和平面设计
师科洛·莫泽 (Koloman Moser，1868—1918)[6] 的思想感召下，1897 年他
们共同成立维也纳分离派，旨在反对学术传统和历史主义，主张去除多余
装饰，追求几何形体，从设计风格、方法以及工业化态度等方面与新艺术
运动划分界线。维也纳分离派将国外先锋艺术介绍到奥地利，鼓励全新的
现代艺术形式，举办一系列展览并创立了自己的刊物。1899 年瓦格纳加入
了分离派，并在分离派展览上多次展出自己的作品，以麦金托什为代表的″格
拉斯哥四人组″受邀参展 1900 年第八届分离派展览，引起了巨大的反响。

6.3 维也纳分离派代表人物

约瑟夫·玛丽亚·奥尔布里希

约瑟夫·玛丽亚·奥尔布里希在分离派运动中最富个性，他的建筑作
品深受英国麦金托什的影响，追求自然形态的几何抽象表达，与新艺术运
动早期的装饰趣味相去甚远。奥尔布里希就读于维也纳美术学院，后获得
罗马奖学金，在瓦格纳建筑事务所短暂工作后周游欧洲，回国后帮助组建

图 6.16　维也纳分离派大楼，1898 年，奥尔布里希处女作，进口处立面装饰着三位希腊女神半浮雕和象征生命的金色树叶

图 6.17　大公住宅，为达姆斯达特艺术家村核心建筑，1901 年，拱门两侧竖立着两尊巨像——力量神和美丽神

反传统的维也纳分离派，并于 1898 年成立工作室。分离派大楼是奥尔布里希的处女作，是分离派思想的大集成。大楼参考克林姆特的草图构思，轴对称、几何形，特别是以太阳神阿波罗桂冠为装饰主题的顶部镂空金属圆穹顶在阳光下熠熠发光。

受德国黑森州大公路德维希的邀请，1899 年奥尔布里希和其他六位先后到德国达姆斯达特组建艺术家之村。[7] 1901 年由他设计的大公住宅无疑是艺术家聚集地的核心。大公住宅四周环绕着各艺术家的住宅，正立面高大纯净，拱门入口装饰华丽，两侧竖立着路德维希·哈比希（Ludwig Habich，1872—1949）设计的巨大雕像，给住宅平添了一份纪念性和神秘

图 6.18　德国达姆斯达特艺术家之村明信片，1904年，明信片上的住宅图出自奥尔布里希 1901-1904 年为艺术村设计的一组住宅，带有乡土折中主义风格

性。两年后这个艺术家村以"德意志艺术档案"[8]为题将艺术家"居住"环境作为整体艺术作品来展示，以"征兆"[9]为名。开幕式在大公住宅宽阔的台阶上举行，鲜明的线条、拒绝奢华及重视材料的内在质量等都是此展览传达出来的信息。奥尔布里希生命最后时刻的重要作品当属婚礼塔楼（Hochzeitsturm，1905-1908），建筑群位于一座水库之上的马西登高地，高低错落的建筑，金字塔般的构图，寓意深刻，仿佛一座神秘的山峦在高地上升起，流露出设计师潜在的古典主义回归倾向。

图 6.19　1905-1908 年建在高地上的婚礼塔楼建筑群是奥尔布里希晚年的重要作品，建筑高低错落，寓意深刻

约瑟夫·霍夫曼

作为瓦格纳的优秀学生，约瑟夫·霍夫曼是维也纳分离派另一个主要创始人，他的设计大到建筑小到花瓶都被视为经典之作。霍夫曼曾在德国慕尼黑学习建筑，后就读于维也纳美术学院，师从奥托·瓦格纳。他在40多年的教学生涯中承接了许多重要项目，并积极参与历次重大国际展览，如1914年科隆德意志制造联盟展、1925年巴黎装饰艺术展及1930年斯德哥尔摩世界博览会等。1905年霍夫曼退出维也纳分离派并与著名画家克林姆特成立艺术沙龙，晚年他仍坚持建筑创作和设计教育，并设计了1925年巴黎装饰艺术展奥地利馆。

霍夫曼的设计生涯很长，在导师瓦格纳的理论体系中建立起他独特的造型语言，极富现代感的建筑和室内设计对日后的现代主义设计产生了深刻的影响。布鲁塞尔的斯托克莱特宫（Palais Stoclet，1905-1911）是霍夫曼最重要的建筑作品，建筑外观显示了其运用直线的娴熟技巧，而室内则是功能和装饰完美结合的典范。与导师瓦格纳一样，霍夫曼认为建筑与室内陈设密不可分，他的家具以几何线条为主，早期作品有着瓦格纳手法的影子，尤其在金属包饰的细部上，以后则显露出强烈的个性。20世纪初的十年间霍夫曼设计的一系列餐椅和咖啡专用椅最为著名。这些椅子朴实大方，椅子受力点以一组小球点缀，起到装饰和结构的双重作用，体现机械、运动、现代的时代精神，在机械化大生产和优秀设计之间搭起了一座桥梁。

图6.20 布鲁塞尔斯托克莱特宫，1905-1911年，是霍夫曼最重要的建筑作品

图6.21

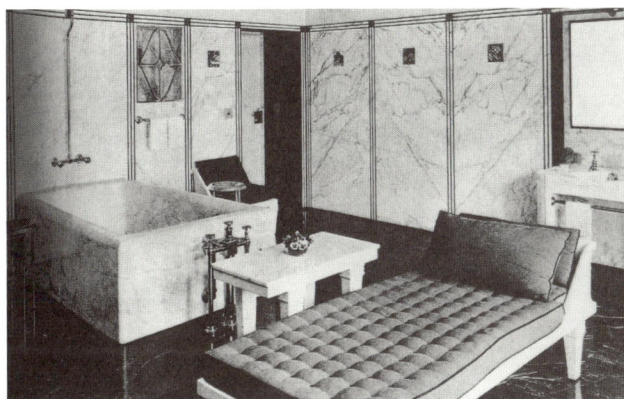

图6.22

图6.23

图6.24

图 6.21　斯托克莱特宫餐厅，深色家具在白色大理石墙面、黑白两色地砖及马赛克壁画的衬托下显得雍容高贵

图 6.22　斯托克莱特宫盥洗室，地面和墙面均采用了浅色大理石，在满足功能的前提下，室内不减豪华典雅之感

图 6.23　作品第 670 号，霍夫曼为 1908 年维也纳艺术展设计的乡村家具模型，木球既是装饰，也起到结构加固作用

图 6.24　作品第 371 号，1905 年，霍夫曼设计，又称"七球椅"，山毛榉经着色、层压和弯曲后制成，木球可调节靠背的倾斜角度

6.4 维也纳工作同盟（1903—1932）

1902 年霍夫曼访问了英国的阿什比手工业协会以及德国青年风格派的手工艺工场，次年他与莫泽一起创立了自己的设计和试验工场——维也纳工作同盟（Wiener Werkstätte），由实业家弗里茨·瓦伦多夫（Fritz Wärndorfer）提供资金支助。工作同盟以英国工艺美术运动的理论为基础，以"十天制造一个产品胜于一天制造十个产品"为座右铭，延续阿什比的手工艺协会路线，致力于设计与生产优质简洁的日常生活用品和装饰品，期望在公众、设计师和手工艺者之间建立起一种密切的联系。工作同盟的设计范围很广，主要包括珠宝、服装面料、陶瓷、家具、玻璃器皿等诸多领域，所有产品都具有简单造型、少量装饰和几何图案的共同特征，棋盘、方形、网格和球形结构构成了工作同盟的产品风格，它们大部分面向民众，也不乏昂贵的手工制品。

维也纳工作同盟努力创造一种全新的生活艺术风格，出版杂志《神圣的春天》（Ver Sacrum）[10] 以宣传其设计和艺术思想，强调手工艺人的作品应与画家、雕塑家作品同等对待。1905 年工作同盟拥有 100 多名工人，至 1910 年，设计和生产业务扩展到金属器皿、皮革、编织、时装、印染、纺织、陶瓷、地毯和墙纸等诸多领域，产品销往德国和美国。1915 年后维也纳工作同盟开始侧重产品的装饰性，其风格明显受到 17 世纪巴洛克和 19 世纪中期盛行的彼德迈式风格的影响。[11] 作为维也纳工作同盟创始人的霍夫曼是一个理想主义者，他的平民化理想并没有在工作同盟的实践中予以实现，相反随着工作同盟销售总部在纽约第五大街的开设并顺利打开纽约市场后，其风格也越来越背离同盟初创的理想和宗旨，用户逐渐局限到富裕的上层社会。到了 20 世纪 30 年代工作同盟所倡导的维也纳风格逐渐与装饰艺术风格融为一体，最终由于装饰艺术风格的流行和缺乏资金，维也纳工作同盟于 1932 年解散。

值得一提的是在 20 世纪 20 年代，维也纳工作同盟中集结了不少优秀的女性设计师，这些富有创造力的女性将她们的聪明才智倾注到她们所喜爱的设计事业中，其中几位如特雷泽·特雷藤（Therese Trethan，1879—1940）、尤塔·西卡（Jutta Sika，1877—1964）等就曾读于维也纳工艺美术学校并师从莫泽，她们在各种艺术形式中大胆探索，设计的家具、瓷器和玻璃器皿在工作同盟产品中最受欢迎。

综观维也纳分离派和维也纳工作同盟从产生到消解的过程，可以看到 19 世纪末 20 世纪初欧洲正处在工业技术迅猛发展的时代，许多人还未认识到工业生产中的艺术问题，设计师缺乏对材料的经济性和工艺可行性的研究，造成工艺复杂、生产成本趋高、难以被大众接受。此外维也纳分离派和维也纳工作同盟所尝试的形式语言没有从本质上与新艺术运动区分开，形式与功能相结合的努力并没有得到大众的普遍认同，很快被 20 世纪 20 年代和 30 年代崛起的装饰艺术派所取代。尽管如此，维也纳分离派和维也纳工作同盟推行的几何风格对日后以机械制造为基础、崇尚机能性与经济性的德意志制造联盟产生了重要的影响和意义。

注释

1 引自（美）肯尼思·弗兰姆普敦著. 现代建筑：一部批判的历史. 张钦楠等译. 北京：生活·读书·新知三联书店，2004：80.

2 "格拉斯哥四人"为麦金托什、赫伯特·麦克奈尔（Herbert MacNair）、麦克唐纳姊妹（Margaret MacDonald, Frances MacDonald）。

3 这位女性业主提供了麦金托什长达 20 年稳定的委托业务，也包括他设计生涯的困难期。

4 原书名为 Architecture，Mysticism and Myth.

5 原书名为 Moderne Architektur，1896 年出版，该书以 1894 年瓦格纳担任维也纳美术学院教授后所起草的教学大纲为基础，它的影响力可与柯布西耶的《走向新建筑》相媲美。

6 莫泽出生于维也纳，是维也纳分离派的主要创建者，曾在维也纳美术学院学习绘画，于 1899 年开始与霍夫曼一起任教于母校维也纳美术学院。次年，其家具作品分别参加了 1900 年的维也纳分离派展览及同年的巴黎博览会。

7 其他六位艺术家：雕塑家路德维希·哈比希、鲁道夫·博塞尔特（Rudolf Bosselt，1871—1938）、画家汉斯·克里斯蒂安森（Hans Christiansen，1866—1945）、室内设计师佩特里茨·许贝尔（Patriz Huber，1878—1902）、建筑师彼得·贝伦斯（Peter Behrens，1868—1940）及绘图师保罗·比尔克（Paul Bürck，1878—1947）。

8 原名为 Ein Dokument deutscher Kunst.

9 原名为 Das Zeichen.

10 该杂志于 1898—1903 年间在维也纳发行，为维也纳分离派刊物，集合了文学、插图、平面等多个方面，是那时代出色的杂志之一。最初的两年为月刊，1900 年后改双周出版。

11 彼德迈式（Biedermeier）指的是 1815—1848 年间来自欧洲的文学、音乐、视觉艺术和室内设计等领域的作品，此风格相当于英国的摄政风格、美国的联邦风格以及法国的帝国式风格。

第7章 法国——装饰艺术之源
Chapter 7
France—The Cradle of Art Deco

　　凹室本身以放射、喷雾状的银饰作为壁饰，强烈凸显女性主义的决定性主张。我是不是忘了一提那张覆盖了半间房地面的巨型白色熊皮？熊吻部系着流苏的银色粗索，看到这里，不禁令人冥想：当贵妇那只粉嫩的玉足优美而轻柔地踏入这头巨兽厚实的毛皮时，不知会是什么情景？

　　　　　　　　　——选自1925年巴黎装饰艺术展"贵妇的卧室 (Chambre de Dame)"报道

装饰艺术运动（Art Deco）是 20 世纪 20 年代和 30 年代流行于欧美并波及社会各个层面的现代装饰运动，处于新艺术衰退、现代主义思想萌芽之际，得名于 1925 年巴黎国际装饰艺术与现代工业博览会。[2] 装饰艺术运动吸纳了抽象艺术的表现方式，注重传统和异国文化的融合，探索适应现代机器生产的途径，设计范围涉及建筑、室内、家具、工艺品、日用品、时装、汽车等诸多艺术和设计领域，其错综复杂的风格被人们视为"20 世纪最激动人心的装饰风格"。

7.1 装饰艺术风格的流变

装饰艺术早在 20 世纪初期就受到来自东方或俄罗斯传统的影响。1910 年慕尼黑和维也纳的装饰艺术展览在巴黎卢浮宫展出，风格夹杂着早期 19 世纪新古典主义、乡村主义和民族风格，同年随着谢尔盖·狄亚基列夫（Sergei Diaghilev，1872—1929）组建成立的俄罗斯芭蕾舞团的演出获得成功，设计师利昂·巴克斯特（Leon Bakst，1866—1924）运用大胆的原始色彩和抽象造型打造的舞台布景引发了时尚界的异域文化热潮。装饰艺术风格显示了新艺术运动的回声，吸收了麦金托什的玫瑰花、加长的椭圆形花环、喷泉以及其他非新古典的设计语汇。麦金托什和分离派的霍夫曼是新艺术曲线风格的改革者，后者在布鲁塞尔的斯托克莱特宫客厅墙面上采用了画家克林姆特的马赛克壁画，标志着新艺术向装饰艺术运动的转变。维也纳工业同盟打破了纯艺术和装饰艺术的界限，努力探寻着一条介于工艺美术

图 7.1 埃及法老图坦卡门木质金漆面具

图 7.2 寺庙顶上竖立的石刻男像柱，战士头戴羽毛头饰，身穿盔甲，手中拿着武器，这成为墨西哥玛雅文明的标志之一

图7.1

图7.2

运动与现代主义之间的新风格，是早期装饰艺术的工场。

装饰艺术在 20 世纪 20 年代趋于成熟，不仅改变了古典艺术教育体系的形式语言，也浪漫地从非洲、古埃及、古希腊、美国印第安文化、墨西哥玛雅文化等不同国度的古老文明中汲取灵感。1922 年埃及法老图坦卡门陵墓的开放引起设计界的轰动，其丰富的随葬品主导了之后 15 年的装饰走向。德国包豪斯和国际主义风格影响了装饰艺术运动晚期，使之从早期的重装饰向 20 世纪 30 年代更为大胆的象征主义发展。放射状光芒、闪电和声波等寓意机器时代的几何形图案以立体主义的浅浮雕形式出现，映射出 20 世纪初期人们迎接时代变革的积极心态。

装饰艺术风格的流变折射出工业时代的审美需求，在艺术和机械制造之间——这个自工业革命开始以来始终困扰设计师和艺术家们的问题中建立起一种妥协的平衡关系。值得注意的是尽管装饰艺术在设计主题、材料运用上受现代主义的影响很大，但两者产生的动机和所表达的意识形态却完全不同。装饰艺术秉承了以法国为中心的欧美国家长期以来为富裕的上层阶级服务的设计立场，而现代主义运动则强调设计为大众服务，特别是为低收入的无产阶级服务，带有乌托邦式的社会理想和信念。

7.2 1925 年巴黎装饰艺术展

1925 年夏在法国举办的现代工业艺术装饰国际博览会长达六个月，展会围绕〝装饰艺术〞主题展示家具与室内装饰的国际最新理念，成为各国装饰艺术风格的一次大会演，重建了法国作为欧洲室内装饰领头人的地位。本次展览反对照搬传统风格，鼓励现代主义的设计理念和表现形式，所有参展设

图 7.3 1925 年巴黎国际装饰博览会鸟瞰，会场设在塞纳河沿岸大片空地上

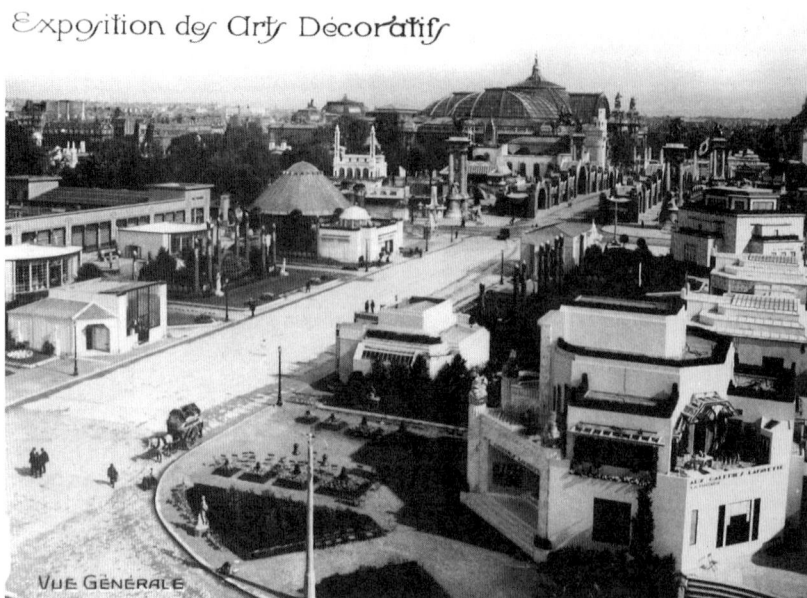

图7.4

图7.5

图 7.4　1925 年巴黎国际装饰博览会海报

图 7.5　1925 年巴黎博览会巴黎春天百货公司展馆

图 7.6　1925 年巴黎博览会老佛爷百货公司展馆

图 7.7　1925 年巴黎博览会卢浮百货公司展馆

图7.6

图7.7

计师都明白只有突破和创新才能在展会中有一席之地。英国、意大利、奥地利、波兰、瑞士、丹麦、瑞典、希腊、土耳其、日本等许多国家都参加了此次展览，但由于对德国邀请太晚，德意志制造联盟和包豪斯没有足够时间准备而未参加，美国也因无符合要求的"摩登设计"而谢绝邀请。

　　展览会场选择在塞纳河沿岸的大片空地上，与水泥简单处理的展馆外观相比，展馆内部则精彩纷呈。巴黎四大百货公司展区[3]在所有展馆中最为突出和耀眼，它们由一栋栋独立建筑构成，由著名装饰师负责室内外一体设计，这些展馆商业气息浓厚、装饰丰富，造型充满戏剧性，吸引了大量观众前来参观。

　　大部分参展作品在本届博览会上采用了"成套设计"概念，这个源自德意志制造联盟的概念，将不同专长的人才包括建筑师、室内设计师、雕塑家、墙纸设计师、玻璃艺术家、家具设计师、产品设计师等集结于一个项目中，在合作的同时保持了风格的统一。1910 年这个方式被巴黎秋季沙龙（Salon d'Automne）所采纳，在巴黎设计圈风靡起来。

　　1925 年巴黎装饰博览会对于装饰艺术风格的发展意义深远，设计师对大到展馆小到展品的大胆试验给社会生活带来一种前所未有的现代艺术的审美观念，并最终确立了其国际上的地位。

7.3 法国装饰艺术派十人

法国装饰艺术是装饰艺术运动的早期阶段，法国设计师和艺术家们在吸收欧洲各种前卫艺术的灵感上进行一系列新的艺术风格的探索，体现在室内、家具、织物、产品、珠宝等领域中，并呈现出两种完全不同的设计趋向：一种因受到俄罗斯芭蕾舞剧的舞美和服装的影响较注重东方形式，在 1920 年前后达到高潮；另一种受到现代主义影响，注重新材料和新技术的运用，建立起一种全新的室内和家具设计美学观。法国设计师们早在 20 世纪初就已成立装饰艺术家协会，定期举办展览，之后各式展览纷纷涌现，加上杂志、广告的大力宣传，促进了艺术界、设计界以及社会大众对创新设计的关注，有力推动了装饰艺术的发展。德国现代家居品在 1912 年巴黎秋季沙龙上引起了国际注目，法国评论家们期盼本国设计师在现代家具和装饰艺术领域更有作为，以确保法国在设计界的领航地位。

7.3.1 勒内·拉利克 (Rene Lalique, 1860—1945)

勒内·拉利克是一位热爱生命、思想前卫的天才艺术家，19 世纪末法国珠宝业的复兴很大程度上应归功于他。拉利克对大自然的着迷加上细致入微的洞察力使他努力探索自然界中一切能作为装饰的元素——女性身体、蝴蝶、飞蛾、蜻蜓甚至包括像黄蜂、甲虫、草蜢等鲜为人知的昆虫。他早先从事珠宝设计，作品细部精美，为同时代艺术家与收藏家推崇备至，从伦敦到圣彼得堡，欧洲所有的宫廷与著名博物馆无一不向他索求作品。

1910 年拉利克将他的创作热情从珠宝转向了琉璃，并将其后半生献给了琉璃事业。他发明了复杂的玻璃上色、切割和雕刻工艺，同时在手艺高超的玻璃工匠的支持下开始了香水瓶、花瓶、珠宝等高级玻璃品的设计和制作。50 岁时他开始研究工业化生产，将艺术创作普及化，同时乳色琉璃

图 7.8 这个优雅华丽而有些保守的沙龙由教师兼作家安德列·弗雷歇（André Fréchet）1925 年设计，成为法国装饰艺术巅峰时期的一个写照

图 7.9 裸女纹瓶，1920 年，模吹成型，拉利克设计

的制作技巧也日臻完美。除琉璃装饰品外，拉利克的琉璃还融入门窗、枝形吊灯、喷泉、纪念碑、小教堂等建筑艺术中。

拉利克家族的第一代于 1880 年设立了第一家玻璃制造厂，二战后拉利克第二代子承父业，将品牌风格发展到水晶制品方面。历经三代的努力，如今的"拉利克"已是一个世界著名的水晶品牌，其 70 多年的水晶工厂获得了"法国最优良工匠"的美名。

7.3.2 让·皮福尔卡（Jean Puiforcat，1897—1945）

让·皮福尔卡是 20 世纪法国最伟大的银器装饰品设计师，精准的形体、光亮的表面及木石的点缀体现出皮福尔卡银器非凡的品位和艺术魅力。皮福尔卡于一战后进入父亲维克多[4]的工厂实习，父亲近 300 个法国银器收藏品给了他无限的设计灵感，也促成了他多元化的个性特征。20 世纪 20 年代法国装饰艺术正处于批判性时代，年轻的皮福尔卡开始了其职业生涯，并于 1921 年在巴黎第 12 次装饰沙龙上初次亮相，展出了两套银和象牙制成的茶具和咖啡用具。与同时代其他法国银器匠相比，皮福尔卡更注重优雅的细节、完美的轮廓和色泽的对比。

7.3.3 雅克·埃米尔·鲁尔曼（Jacques-Emile Ruhlmann，1879—1933）

出生于巴黎的雅克·埃米尔·鲁尔曼是法国装饰艺术运动的重要代表人物之一，他的设计风格是所有法国装饰艺术家中最豪华最典雅的。鲁尔曼侧重于室内的成套设计和艺术理论研究，对家具、灯具、地毯和墙纸等各个元素进行整合设计，这种整合理念也是他对现代设计的最大贡献。世纪之交鲁尔曼的作品受到传统和现代双重设计思潮的影响，是 19 世纪新古典主义和现代几何装饰风格的混合体。

图 7.10 角柜，1916 年，黑黄檀木和乌木制成，象牙镶嵌，鲁尔曼设计

鲁尔曼的父亲为高级装饰画、墙纸等装饰品制造商，鲁尔曼并未接受过系统的家具设计，但在父亲的厂里积累了丰富的实践经验。1911 年鲁尔曼在巴黎〝装饰艺术家沙龙〞上展出了他的墙纸设计，两年后又在另一个沙龙上展示了他的家具。鲁尔曼的家具精致优雅，极具观赏性，满足了中产阶级的审美需求。丝绸、天鹅绒、黑檀木、象牙、珊瑚、鲨鱼皮等名贵材料常被他用于家具制作，同时，他的作品也传承和发扬了法国 18 世纪家具制作工艺，珍稀昂贵的材质和精美的手工艺在作品中达到完美的结合。

鲁尔曼的设计生涯在 1925 年巴黎博览会达到了顶峰，他与建筑师朋友皮埃尔·帕特奥特（Pierre Patout, 1879–1965）共同合作设计的〝收藏者之家〞将立体派艺术和新古典主义相结合，家具则体现了他一贯的装饰风格。

图 7.11 大沙龙室内，1925 年巴黎国际装饰博览会展区，鲁尔曼设计

7.3.4　让·迪南（Jean Dunand，1877—1942）

让·迪南出生于瑞士，是 20 世纪初期法国最有影响力的手工艺大师，在室内设计、陈设设计以及珠宝设计方面都颇有建树，能熟练运用装饰、色彩以及金属等材料，其长达 40 年的职业生涯可分为三个阶段：雕塑、金属制品和漆器。

迪南的父亲是瑞士钟表制造公司的镀金匠，迪南先在日内瓦学习雕塑，后于 1896 年作为访问学者去巴黎进修，在雕塑家的工作室做学徒。1902 年迪南尝试用黄铜、塑料、石材和象牙来制作雕塑，三年后全面投入到装饰艺术品的设计与制造上。受新艺术运动和东方艺术的影响，迪南喜爱鲜艳的色彩和抽象的几何图案，他设计的铜质花瓶以程式化的植物纹样和不对称图案为装饰主题。1909 年是迪南设计生涯的重要转折点，他开始从早先的雕塑设计转向漆器设计，拜日本工艺大师菅原诚造（Seizo Sugawara，1884—1937）为师学习东方传统漆艺。一战后他领悟了漆器设计的真谛，充分利用生漆特性，以日本传统花草以及苍鹭、青蛙、猴子、梅花鹿等动物图案创造出更具表现力的漆器隔扇和屏风，在 1925 年巴黎装饰艺术展上达到早期设计生涯的顶峰。

在迪南一系列室内作品中，法国海外大使馆的一间吸烟室为其最得意之作。整个室内以几何风格为主，墙面用漆板装饰，扶手椅的设计灵感来自于立体派艺术，这个经典展品为他后十年赢得了大量的家具和室内设计订单。20 世纪 30 年代迪南在他的设计鼎盛期开

图 7.12　一对漆器门板，1930 年，迪南设计

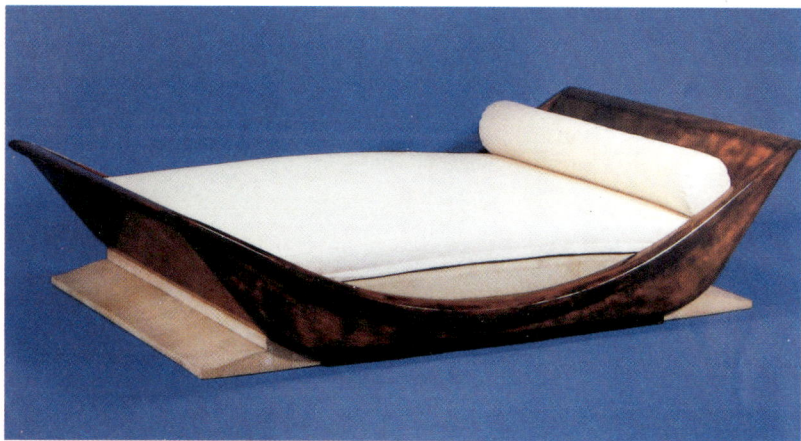

图 7.13　漆器床，1930 年，床脚为装饰粗面皮革，迪南设计

设了自己的工厂，规模发展迅速，1931 年和 1935 年分别有超过 200 名工人先后为法国远洋客轮"大西洋号"和"诺曼底号"制作家具和内部陈设用品。尽管迪南的作品大多数为价格昂贵的手工制品，但其独特的个性和高水准的质量对现代设计仍贡献不小。

7.3.5　埃德加·勃兰特（Edgar Brandt，1880—1960）

埃德加·勃兰特是 20 世纪法国最重要的金工装饰师，毕业后他开设了自己的工作室，并在 20 世纪 20 年代和 30 年代显露出在金属锻造方面的卓越才华。勃兰特长期处于推动 19 世纪金工复兴的著名手艺人埃米尔·罗伯特（Emile Robert，1880—1948）的光环阴影下，直到 20 世纪 20 年代采用流行的新艺术风格的植物题材来设计和锻造铜质家具和建筑构件才有所改观。此后勃兰特承接了许多私人委托项目，为住宅和旅馆设计了大量的金属器皿、铁架、辐射罩、灯罩、控制台等。1925 年巴黎博览会给了他展示才华的舞台，展览会的重要大门——"荣誉大门"由他设计制作，展会后他又参加了在纽约大都会美术馆举办的法国现代装饰艺术展。

勃兰特的作品以松果、桉树、银杏、玫瑰及毒蛇为装饰题材，20 世纪 30 年代他将旋涡形图案和斜线光芒等现代主义元素引入设计中。勃兰特善于运用和变换诸如锻铁、青铜、镀金铜及后来的钢、铝、铝合金等新材质，使其作品呈现出精致华丽的特点。

图 7.14　抽象花卉图案"沙漠绿洲"，熟铁和黄铜制成，勃兰特设计

7.3.6　皮埃尔·夏侯（Pierre Chareau，1883—1950）

皮埃尔·夏侯出生于船主之家，是法国装饰艺术时期的建筑师、室内设计师和音乐家。自建筑学校毕业后夏侯进入一家巴黎背景的英国公司从事家具和室内设计，1914—1919 年参加第一次世界大战，战后继续

图 7.15　殖民风格住宅餐厅，夏侯设计，参展 1925 年巴黎国际装饰博览会

他的设计生涯。20 世纪 20 年代夏侯成立了设计工作室，承接一系列私人和公共性质的室内设计业务，1922 年他首次参展巴黎装饰艺术家沙龙，并结交了一批法国前卫艺术家。二年后夏侯开设了家居品商店，次年参与设计的法国大使馆室内设计在巴黎装饰艺术展中亮相。夏侯于 1940 年移居美国纽约。

　　夏侯从建筑到家具设计提供了一套逻辑性强的解决方案来满足多样化的需求，他根据空间结构和灵活性原则来设计和选用家具，橱窗、吧台、档案柜、桌子等家具以实用为主。在家具用材上他主张钢木结合，以木色的温暖来弥补金属的冷酷感，木材以名贵的黑檀木、胡桃木、紫罗兰木为主，而天鹅绒、猪皮、黑貂皮等织物和皮革常作为他包覆椅子的材质。灯具是夏侯最成功的居家品，他用雪花石膏交叠的方式制造出生动柔和的光影变化。1928—1932 年的"玻璃之家"（La Maison de Verre）是他的建筑和室内代表作，半透明正立面和自由空间划分使它成为 20 世纪最具影响力的现代派室内设计师之一。

7.3.7　米歇尔·迪费 (Michel Dufet，1888—1985)

　　米歇尔·迪费曾在巴黎美术学院学习建筑和绘画，1913 年建立家具零售公司，负责漆器家具创作和部分别墅的室内设计，1922 年开始为餐厅、画室等生产成套家具和独立构件。迪费的家具材料丰富，黑檀木和菩提树制成的饰面板具有异国风情，简约风格的金属镶嵌装饰显露出迪费对功能主义家具的偏爱。居室布置华丽庄重，常选用皇家蓝和银色交织的布艺及黑色大理石壁炉等。迪费后创立了一本艺术杂志，1923 年成为著名的红星室内装饰公司负责人。

图 7.16 迪费与路易·毕罗
（Louis Bureau, 1830—1918）
一起合作设计的卧室边柜

　　20 世纪 20 年代晚期金属家具的总体改革促使迪费设计出更多的艺术单件，他在沙龙上展出了一套尺度多变的预制家具组合，1929 年又推出了一套受立体主义影响的餐厅家具。餐椅为白色挪威桦木加少量黑檀木，带有强烈的功能主义倾向。除了传统的名贵木材外，钢管、蚀刻玻璃、镀锌板等 20 世纪 20 年代的新潮材料也被他使用在家具上。然而迪费的设计概念和新材料试验也遭致一些批评和质疑，有些人认为他的作品细部过于丰富而导致视觉上产生混乱的感觉。

7.3.8　莫里斯·迪弗雷纳（Maurice Dufrene, 1876—1955）

　　莫里斯·迪弗雷纳的作品主要集中在 1900—1925 年里，他的作品比他同时代的设计师更为雅致，对时代更为尊重。因父亲是化妆品批发公司的老板，迪弗雷纳从小受材料的熏陶，长大后利用自由时间收集织物、木材、纸板等各种材质，运用时尚语言来完成设计创意。1904 年迪弗雷纳开创了装饰艺术家沙龙，成为现代设计的先驱者。他的家具灵巧而有逻辑性，早期以卷轴状为主题，植物选用黄杨木、檀木、象牙等镶嵌完成，20 年代家居品设计转向女性造型。1921 年迪弗雷纳被任命为迈翠斯百货公司（La Maitrise）艺术总监，1925 年在巴黎装饰展上他不仅设计了百货公司的展馆建筑，还和其他设计师们一起设计了一个餐厅和男女卧室等。

　　迪弗雷纳信奉市场哲学，倡导不损害美学标准的机械化大生产方式，认为讨论手工艺和机器生产的孰是孰非毫无意义，重要的是如何做到价廉质优，开拓产品的市场潜力。

图 7.17　女士卧室，1925年巴黎装饰博览会迈翠斯百货公司展区，迪弗雷纳设计

7.3.9　索尼娅·德洛内 (Sonia Delaunay，1885–1979)

索尼娅·德洛内是一位俄裔法国抽象画家和设计师，她成功地扮演着妻子、母亲、社会名流、商界女强人和艺术家等多重角色。德洛内曾在德国学习抽象艺术，毕业后到巴黎深造并最终定居下来。她的设计范围宽广，涉及油画、女装、瓷砖、玻璃、室内设计等，大胆的几何纹样设计使她获得较高的国际声誉，有力推动了现代艺术和设计领域的发展。

7.3.10　艾琳·格雷 (Eileen Gray，1878–1976)

艾琳·格雷来自苏格兰贵族家庭，早年在伦敦学习美术，后随母亲到法国参观 1900 年巴黎世博会，1907年移居巴黎直到去世。格雷独树一帜，为许多巴黎人设计的住宅装饰风格富有强烈的个性色彩。空间用材奢华，房间布满了她设计的漆制家具、屏风和摆设，综观格雷的设计生涯，早期的她注重传统装饰和漆器制作，后期则转向现代主义风格的建筑创作 (详见第 11 章)。

图 7.18　英国"时尚"杂志 (Vogue) 封面，站在汽车前方的时装女模特身穿德洛内设计的现代服装，与时尚的汽车外形很搭调

7.4　法国装饰艺术风格特征

装饰艺术风格汇集了多国文化和艺术思潮，作为发源地的法国，其装饰艺术风格主要体现在室内和家具上，它们特有的高贵和奢华感使法国成为装饰艺术运动的一朵奇葩。丝绸面料的沙发椅套、设计考究且低矮舒适

的床榻及沙发创建了被人们称为 "闺房风格（Boudoir Style）" [5] 的特殊样式，这些风格样式又通过沙龙这一特殊方式向人们展示和推广，在 1925 年巴黎艺博会上达到了顶峰。

法国装饰艺术风格的家具呈现两大截然不同的趋向：华贵派和现代派。华贵派家具强调木材的天然纹理和色泽，常使用乌木、黄柏木、紫檀、橄榄木、柠檬木等名贵进口木材，通过不同木质间的对比反差来丰富视觉的层次感和装饰效果。漆面细腻，立体感强，采用象牙、紫水晶、珍珠等一些珍贵材料作嵌饰，家具腿脚和椅背上有金属、贝壳等点缀，也有一些家具用蛇皮、鲨鱼皮、龟甲壳或牛皮等动物皮革包面以突显高贵和华丽。现代派反对毫无意义的浮华装饰，常选用金属和玻璃等现代时尚元素为基调，镜子、玻璃和铬合金常采用磨砂或蚀刻工艺，熟铁、镀铜、抛光铝等材质由高水平的金工匠完成，设计注重功能的便利性和舒适性。

装饰艺术风格的室内特征一览　　　　　　　　　　　　　　　表 7−1

序号	主要特征	特征描述	关键词
1	几何图形	装饰艺术风格中的象征性图样由简单的线条或几何造型组成，这些线条和图形以重复、对称、渐变等美学手法创造出装饰性图案，使整个空间充满层次感和韵律感。在装饰艺术图案中多以方形、菱形和三角形这三大图形为基础进行变化创新，将其运用于地毯、地板、墙面以及家具贴面上，使室内空间具有视觉的统一感。此外以植物为原型的抽象几何造型也较多见，尤以大枝叶花朵最为常见	1. 以方形、菱形和三角形三大图形为基础的几何形 2. 象征性
2	色彩混合	色彩混合是装饰艺术风格具有强烈视觉冲击力的一个主要因素，擅长此类风格的设计师几乎都是色彩高手，热烈的红色、浪漫的紫色、忧郁的蓝色、深沉的黑色、冷酷的银色等不同色系被混搭在一起，创造出令人激昂亢奋的时尚空间体验	1. 色彩浓郁 2. 对比强烈 3. 异域文化
3	注重个性	装饰艺术风格强调个性，注重独创性和唯一性，许多元素和设计概念服务于某些特定空间，故很难将它们扩大并标准化生产	1. 独创性 2. 非批量化生产
4	工艺精美	装饰艺术风格的居家用品在追求多元文化内涵的同时也注重精细的工艺技术，木质漆面细腻光滑，另一些漆器家具制作借鉴了日本传统工艺技术标准，提升了产品和空间的美学价值	1. 工艺精细 2. 传统性
5	照明奇特	装饰艺术风格的灯光作为装饰要素在室内设计中受到重视，灯光设计成为室内设计中最具挑战性的领域之一。很多室内灯光大量采用间接和装饰照明，将灯光与造型巧妙结合。同时灯具设计朝着新材料、新技术运用，美观简洁、工业化生产的方向发展	1. 间接照明 2. 装饰照明

（作者根据有关资料整理绘制）

　　装饰艺术的本质是商业艺术。在法国，装饰艺术代表着贵族阶层的生活方式，而这种风格在美国得到了新兴富有阶层的追捧，随着批量化生产、技术进步以及新材料成本的下降，装饰艺术风格在美国逐渐得到普及而不再是有钱人的专利。装饰艺术风格具有文化的多样性，从表达民族自尊到科幻力量，从体现商业巨头的实力到集权的法西斯暴政，题材的广泛性使装饰艺术具有灵活的政治立场，在错综复杂的国际环境中成为一种遍及世界的国际艺术风格。

注释

1　引自（美）威托德·黎辛斯基著. 金屋、银屋、茅草屋——人类营造舒适家居生活简史. 谭天译. 天津：天津大学出版社，2007：196.

2　（Exposition Internationale des Arts Decoratifs et Industriels Modernes）原定于 1915 年举办，后因战争耽搁了整整十年。1900 年巴黎世博会奠定了法国作为新艺术运动发源地的领军地位。

3　巴黎四大百货公司为好买家百货公司（Bon Marche）、春天百货公司（Le Printemps）、卢浮百货公司（Louvre）和老佛爷百货公司（Galeries Lafayette）。

4　Louis Victor，1915 年更姓为 Puiforcat。

5　法语 bouder 是生气、撅嘴的意思，而 boudoir 是指女主人心情不佳、想独处时的私密房间，在维多利亚时代用得最多，指的是上流家庭中女子晚上休息的内室。现在通常只表示女性复古而华丽的卧室装饰风格。

第8章 包豪斯——现代设计教育的策源地
Chapter 8
Bauhaus—The Origin of Modern Design Education

当我们面临复杂的工作时，
是包豪斯给予我们自信，
是它教会我们如何工作，
一个建立于手工艺之上的基础，一份无价的遗产，
那是用于创造的永恒法则。
它再次告诉我们，
不是将美学灌输到我们的材料中去，
是用它去构造我们生活的空间，
是要让目标与形式浑然一体。
这就是方向，当一个人开始考虑某个问题
的具体要求、特殊的环境以及内在品质，
而没有迷失方向时，
这个人，就是，真正的艺术家……

——赫伯特·拜尔 (Herbert Bayer，1920—1985)
节选自诗歌《致格罗皮乌斯》，1961 年 [1]

包豪斯（Bauhaus）是 1919 年在德国成立的一所设计学院，也是世界上第一所完全为发展设计教育而建立的学院。包豪斯由德国著名的建筑家、设计理论家沃尔特·格罗皮乌斯（Walter Gropius，1883—1969）创建，通过 10 多年的努力集中了欧洲各国设计的新试验成果，特别是对荷兰风格派、俄国构成主义运动的成果加以完善和发展，将欧洲现代主义运动推向一个新的高度。作为机器时代第一个艺术设计教育机构，包豪斯努力倡导艺术和工业化的结合，是一系列为解决 20 世纪建筑、工艺以及艺术教育问题所创建的最有创新精神的学校之一，是现代设计教育的策源地。

8.1　成立背景

直到 19 世纪中叶艺术家和工匠们仍然按传统的方式学习技艺，艺术学院相信美术不同于且优于工艺。与此同时，建筑领域出现了新的材料和建造方式，由工程师而非建筑师设计建造了一些被称为"19 世纪大教堂"的火车站、工厂等大型建筑物。德国与英国、美国相比并不是一个富产原材料的国家，只有倚重它特有的熟练工人并提高设计水平生产出复杂细致的优秀产品才能证明其实力。德国建筑师戈特弗里德·森佩尔（Gottfried Semper，1803—1879）认为只有新的艺术教育体系才能培养出懂得开发机器潜力的新一代艺匠，艺术教育改革势在必行，这关系着德国经济的存亡。世纪之交，德国的艺术学校很快在一批有志之士的带领下采取了不同于 19 世纪常规的新模式。对英国住宅建筑有深入研究并创立德意志制造联盟的赫尔曼·穆特修斯为普鲁士推荐聘用了一批知名建筑师来担任各地工艺美术学校的校长。彼得·贝伦斯出任杜塞尔多夫工艺美术学院校长，汉斯·波尔齐希（Hans Poelzig，1869—1936）到波兰担任当地艺术学院的负责人，布鲁诺·保尔（Bruno Paul，1874—1968）则被推荐出任柏林工艺美术学校的校长。在此之前，维也纳分离派主将霍夫曼担任了维也纳工艺美校的建筑学教授，比利时建筑师和设计师凡·德·费尔德出任魏玛工艺美术学校的校长。

凡·德·费尔德与贝伦斯是早期现代主义的先驱者，也是日后包豪斯思想形成的有力推手。费尔德曾在比利时、法国和德国柏林工作过，后来到文化名城魏玛创立"工艺美术研讨会"，为工匠、艺术家和实业家提供建议和培训。1907 年这个半私人性质的研讨会成为一所公立艺术学校，他出任校长并设计建造了教学大楼，学校在一战中被迫关闭，战后成为魏玛包豪斯的前身。与费尔德一样多才多艺的贝伦斯早在 20 世纪初就在柏林开设建筑设计公司承接设计项目，柯布西耶、格罗皮乌斯和密斯等都曾在他公司里工作过一段时间。1907 年贝伦斯出任德国最大的电气公司——通用电气公司的设计总监，不仅为公司设计水壶、照明设施、电话等大量日用产品，还包括公司的一些厂房设施，其中最为著名的涡轮机车间，成为划时代的

图 8.1　比利时设计教育家凡·德·费尔德，魏玛工艺美术学校校长

工业建筑经典而被载入史册。也在同一年，致力于提高德国产品设计质量和品位、集合了 12 位设计师和 12 家企业的重要组织——德意志制造联盟成立了，费尔德、贝伦斯以及后来的格罗皮乌斯都是其中成员。

作为德国萨克森州首府，"诗人之城"魏玛有着悠久的历史和文化传统，整座城市弥漫着对歌德和席勒的回忆。魏玛美术学校是其中最自由最具活力的艺术学院，从中走出了诸如瑞士象征主义画家阿诺德·勃克林 (Arnold Böcklin, 1827-1901) 等一系列非常有名的画家，而费尔德领导的魏玛工艺美术学校则力求改变艺术家们缺乏技术教育的现状。一战爆发后，德国由战前欧洲工业化最发达、技术最先进的国家沦为战败国，国内通货膨胀，社会动荡，处于政治和经济空前混乱的时期。在费尔德的推荐下，1919 年 36 岁的格罗皮乌斯担任战后建立在魏玛工艺美术学校和魏玛美术学校合并基础上的新学校校长。

8.2　乌托邦宣言

格罗皮乌斯给新学校起了新名字"Bauhaus"，"Bauen"在德语中泛指建筑，而另一层意思则为"种植"，这让人联想起播种、培育和硕果累累。包豪斯体现了莫里斯、费尔德和霍夫曼的艺术精神，[2] 与其说包豪斯学校代表了 18 世纪和 19 世纪的教育体系，不如说是中世纪砖瓦匠铺（在中世纪，泥瓦匠、建筑工人和装潢师的行会称作"Bauhutten"）传统手工艺的延续。格罗皮乌斯把自己看成是拉斯金、莫里斯、费尔德以及德意志制造联盟的追随者，在建立包豪斯学院之前，格罗皮乌斯在贝伦斯事务所工作过，而随后 1910 年的法古斯鞋楦制造厂以及 1914 年科隆制造联盟展览中的小型示范工厂都体现出他娴熟的设计技巧。

1919 年包豪斯学校成立，包豪斯宣言也随之出炉。宣言包含了办学目标和纲领，被精心印刷在四页纸的小册子上，其卷首插图出自莱昂内尔·费宁格 (Lyonel Feininger, 1871-1956) 的一幅木版画。画中哥特式大教堂被诠释成轮廓分明的立体形象，调和了现代性与中世纪的崇高性，向人们揭示出中世纪大教堂具有最完美建筑艺术的秘密——它整合了雕刻匠、彩色玻璃工匠、浮雕画家、铁匠、织工、金银匠、泥瓦匠和建筑师等各方面努力劳作的结晶。

包豪斯宣言最前面的一段话说道：

> 所有创造活动的最终目标是建筑！建筑是包括绘画、雕塑、诗歌、音乐等艺术的最崇高功能。今天，艺术和建筑完全被割裂了。能工巧匠只有通过有意识的协同努力才能挽救这种局面。建筑师、画家和雕刻家必须重新认识到，无论是作为整体，还是它的各个局部，建筑都具备着合成的特性，只有那时，他们的作品才会充满建筑的精神。

图 8.2　这幅木版画插图出自 1919 年包豪斯成立宣言宣传册，费宁格设计，以中世纪教堂的形象寓示着未来学校的办学理念与方向

　　这个宣言充满了格罗皮乌斯乌托邦式的幻想，表达了他历经战争浩劫后建立新世界秩序的强烈愿望。一战前格罗皮乌斯对机器持有浪漫主义态度，残酷的战争改变了他的看法。在"艺术脱离生活"的现实状态下格罗皮乌斯倡导艺术回归现实，回到日常生活，希望借助艺术的方式，把他的学校变成社会变革的试验田。在格罗皮乌斯看来，建筑应清晰地表达出人的信仰和追求，是一种经预先考虑并满足我们最内层思想的表现方式，是一个以现代技术为基础的社会主义大教堂。

8.3　三个阶段和三任校长

8.3.1　三个阶段

第一阶段：魏玛时期（1919—1924）

　　魏玛时期是包豪斯的开创时期，"包豪斯宣言"得到了探索性实践。首先学校一改反传统的"教授"、"学生"的称谓而代之以手工艺行会性质的"师傅"和"徒弟"，并要求学生在进校后先进行半年基础课训练方可进入手工艺车间学习各种技能；其次学校不仅有传授艺术造型、色彩等绘画内容的"形式导师"，还有担任技术、手工艺和材料部分教育的"工作室导师"，二者从不同的角度共同完成教学工作。

图 8.3 魏玛工艺美术学校,由原校长凡·德·费尔德设计

从教师到大师,从学生到学徒或熟练工人,表明了包豪斯学校是以工艺为基础而发展起来的。在"形式导师"中,较早的约翰内斯·伊顿 (Johannes Itten, 1888—1967)、费宁格和后来的瓦西里·康定斯基 (Wassily Kandinsky, 1866—1944)、保罗·克利 (Paul Klee, 1879—1940) 等都产生了积极的影响,尤其是接替伊顿的艺术家拉斯洛·莫霍利·纳吉 (László Moholy-Nagy, 1895—1946) 对基础课程中构成内容的建立作出了贡献。1923 年,包豪斯成功举办了第一次作品展览会。

第二阶段:德绍时期 (1925—1930)

1925 年包豪斯被迫迁到德绍,这时学校已有了自己培养的毕业生来从事教学,在全部 12 名教员中,毕业生就有 6 名。教员结构的变化带动了教学方针的转变,格罗皮乌斯放弃了二人共同教学的方法,改为一人制,教学体系及课程设置也趋于完善。这一时期由格罗皮乌斯设计的包豪斯新校舍以及各实习车间设计生产的创新产品成为包豪斯走向成熟的标志。金属制品车间的玛丽安·布朗特 (Marianne Brandt, 1893—1983) 于 1926—1927 年设计的台灯不仅造型简洁、功能完美,而且由莱比锡一家工厂批量化生产;家具车间,马歇尔·布劳耶 (Marcel Breuer, 1902—1981) 设计制造的钢管椅开辟了现代家具设计的新篇章。1927 年格罗皮乌斯迫于舆论压力辞去校长职务,由建筑师汉纳斯·梅耶 (Hannes Meyer, 1889—1954) 接任。梅耶采取了许多教学改革措施,增加自然科学课程,鼓励作坊间的合作,强调承接实际业务来发展实践教学,从而加强产品与消费者、设计师与社会的密切联系,在他的领导下学院各车间大量接受企业设计委托,提高了学校的经济效益。然而梅耶对苏联模式的热衷最终导致了他被政府当局驱逐,1930 年他被迫辞职。

第三阶段：柏林时期 (1931—1933)

1930 年 8 月，密斯在这一危难时刻接替包豪斯校长职务，在他上任后也作了一系列的教学变革：首先摒除校园内的政治倾向，使之成为单纯的设计学院；同时，通过大规模的调整和补充课程将教学的重点彻底转移到建筑设计上来。此外他把家具作坊、金工作坊和壁画作坊合成"室内设计系"，其余的一切则归之为"室外建筑"，授课时间也由原来的 9 个学期缩短成 7 个。经改革整顿，理论研究在学校的地位日趋上升，实践特别是作坊的生产实践却日趋凋零。密斯的种种努力并没有维持住包豪斯的生存地位，1931 年，包豪斯同样被迫迁往柏林。政治气氛的进一步恶化终于使包豪斯于 1933 年 8 月彻底关闭。学校解散后大部分教员和学生流散到欧洲各地，1937 年后多数人移居美国，将包豪斯的精神和经验传播到世界各地。

图 8.4　包豪斯新校舍，1926 年，格罗皮乌斯设计，堪称现代建筑的杰作

图 8.5　包豪斯于 1931 年迁往柏林的一处旧厂房内继续办学

8.3.2 三个校长

魏玛时期的格罗皮乌斯

格罗皮乌斯出生于柏林，曾在慕尼黑和柏林大学学习建筑，他的祖父是著名建筑师兼画家卡尔·弗里德里希·申克尔（Karl Friedrich Schinkel，1781—1841）的好朋友，他的父亲和叔父都是建筑师。1908—1910年格罗皮乌斯毕业后到贝伦斯建筑事务所工作，1910年他自己开业，和阿道夫·梅耶（Adolf Meyer，1881—1929）合作设计了两个真正的现代建筑。一战服役后，经前辈凡·德·费尔德的推荐，出任包豪斯首任校长。

1919年包豪斯成立初始的目标是艺术和手工业的统一，1923年包豪斯内部教学调整向工业化转移，提出"艺术和技术——新的统一"。"手工艺是我们这些艺术家的救世主。我们将不再是手工艺的旁观者，而要成为其一部分……过去所有的伟大艺术成就，包括印度的建筑奇迹和哥特奇迹都是因为手工艺统帅着一切。"[3]

德骚时期的汉纳斯·梅耶

汉纳斯·梅耶是一位具有鲜明左翼观点的瑞士建筑师，1927年加盟包豪斯，担任新设立的建筑系主任，1928年接替格罗皮乌斯为包豪斯第二任校长。汉纳斯·梅耶从政治中受到启发，对学校采取了多项改革措施，但也是政治导致了他的离开。1930年他被德绍当局驱逐，前往莫斯科，以教师和城市规划师为业，直到1936年。

新校长上任后，包豪斯的重点又一次明确地向社会所需的建筑任务转移，大众的需求取代奢侈的需求，设计过程力求系统化、科学化，并且将学校的理论与社会实践相结合。"建筑体现的是生物学而不是审美学的过程，它是一个集体概念，是为了满足生活的需要……设计所遵循的原则是最大程度的实用和最低的成本付出，在两者之间寻求最优组合。建筑与社会紧密相连，学生不要关注太多理想状态的变化，而是去理解身边所能控制、能够丈量和能够利用的现实。"[4]

柏林时期的路德维希·密斯·凡·德·罗

密斯·凡·德·罗（Mies van der Rohr，1886—1969）出生于德国亚琛市，最初随父亲从事石匠工作，后在布鲁诺·保尔和贝伦斯的事务所作学徒，深受德国19世纪古典主义建筑师申克尔和荷兰风格派的影响。1926—1927年间密斯负责斯图加特魏森霍夫（Weissenhof）住宅开发区的规划和建造，并于1929年设计了巴塞罗那世博会德国展馆。1930年密斯出任包豪斯校长，并兼任建筑系主任。包豪斯关闭时，密斯在柏林以私立的方式重新办学。1938年移居美国直至去世。

密斯主张建筑是一门艺术，是空间、比例、材料间的平衡，它具体体现在：

1. 建筑符合人的需求；
2. 形式追随功能，功能、空间比例和材料选择对建筑形式具有决定性影响；

格罗皮乌斯

汉纳斯·梅耶

密斯

3.构造以最先进的技术和材料为导向，并且成为造型工具；

4.注意建筑物与自然资源之间的生态协调性，注意构造的生命力与建筑的持久性。

"新世纪是个事实，它的存在并不取决于我们对它说是还是说不。我们不希望过度地关注机械化、标准化和模式化。我们希望把变化的经济和社会显示为一个事实来接受。不论是高楼大厦还是普通公寓，不论是钢筋水泥还是玻璃结构，唯一显现的是这些建筑的价值。我们必须建立新的价值标准，任何时期、任何时代的评价都完全取决于该时代的物质条件和思维存在方式……"[5]

8.4　初步课程教学笔记

仅有熟练技术还不足以制造高质量的产品，包豪斯的初步课程正是为了创造优质产品的目的而设计，它主要包括基本工艺以及同所有艺术活动相关的基础知识——色彩、图形、纹理、成分，同时开放并激发每个学生的创作潜力。与实践为主的作坊活动相比，初步课程明显偏向理论和形而上学。由一批较早进入包豪斯的教授开设，成为包豪斯教育模式的一个重要组成部分。

8.4.1　约翰内斯·伊顿的材料课

"学生们必须在闭上眼睛的情况下用手指感觉各种材质，在短时间内他们的触觉会被提高到一个惊人的地步；之后我再用相反的材质制作混合

图 8.6　无题，1919 年，材料肌理研究，约翰内斯·伊顿的初步课程

图 8.7　火焰塔，1920 年，约翰内斯·伊顿设计

图8.6

图8.7

物，通过一系列的练习，使他们重新认识了周围的环境：粗糙的木块或木屑，钢丝绒，电线和电缆，羊毛和羽毛，玻璃与锡箔，还有各种网状编织物，皮革，毛皮，罐头等，同时还要了解和掌握它们的材质特性，比如粗糙—光滑，锐利—生硬，柔软—坚硬的质感对比。"[6]

8.4.2　保罗·克利关于图形和色彩课程

在1921—1922年冬季学期，保罗·克利提出了"分析"这个概念，这种特殊分析包括调查一件艺术品在制作过程中的每一个阶段，用"起源"（Genesis）来表示，在圣经旧约中关于世界起源的摩西之书（Book of Moses）用的也是这个词。

"当一支铅笔或其他尖锐的点开始运动时，线条出现了（最初的移动越自由，其运动的迹象就越明显）……自由绘制的线条受到某种预期的最终效果支配。一种由少数线条组成的活动开始了，简单而粗糙。这种简单状态并不能保持长久，你必须找到一种可以充实最初的简单效果但又不会破坏其草图清晰度的方法。你必须进行组织，知道什么是重要的，什么是附属的。线条可以分为积极、中性和消极……"[7]克利在课堂上并没有教授学生如何作画和使用色彩，而是告诉他们什么是线条、什么是点，从形式的最基础开始教授。

8.4.3　瓦西里·康定斯基的色彩课

在瓦西里·康定斯基看来，色彩同其他现象一样必须从不同角度、不同方式和适当的途径来考查。从纯科学的角度来看，这些方式也许可以分为三大领域：物理化学领域、生理领域以及心理领域。如果这些领域应用在人身上并从人的角度进行观察，那第一个领域涉及色彩的特性，第二个领域涉及感觉的外部含义，第三个领域则是关于内部作用的结果。

在包豪斯，色彩同各个不同作坊的目标联系在一起，因此对个别、特定问题的解决方案必须从主要问题的推断上来。这里必须遵守以下几个条件：[8]

1）二维和三维形式的要求；

2）已知材料的特点；

3）已知物体的实际用途和操作。

8.4.4　莫霍利－纳吉的初步课程

莫霍利－纳吉是金工作坊的领导者，在他到任前，该作坊一直是制作酒壶、茶壶、珠宝和咖啡器皿等金银器作坊。作坊调整其实是一次革命，因为金工匠们出于骄傲不愿用含铁的金属，不愿用镍和铬来镀层，而且痛恨为家电或照明器材设计模型。真正开展工作花了很长时间，而正是

图8.8

图8.9

这些工作使包豪斯在日后成为灯具工业设计的领导者。[9]纳吉在 1928 年的《材料到建筑》中这样写道："机械学、动力学、静力学和动态学的概念，稳定以及平衡问题都在三维形式中得到了检验，而材料间的关系被作为建造和蒙太奇的方式进行了研究……今天的雕塑家对工程师的工作领域所知甚少，自然地，艺术院校只教授构图、黄金分割和其他类似内容，但对静力学这样一门比美学原则更能创造出经济节省的工作方式的学科却只字未提。"[10]

图 8.8　构成，1924 年，瓦西里·康定斯基作品

图 8.9　平衡研究，1924年，木质与金属的重构，高48.5cm，纳吉的初步课程

图 8.10　插图的页面变形，1931 年，约瑟夫·阿尔伯斯（Josef Albers, 1888–1976）的初步课程

图 8.11　包豪斯楼梯，1932 年，奥斯卡·施赖默（Oskar Schlemmer，1888—1943）作品

图 8.12　木板条椅，1924 年，马歇尔·布劳耶设计

图 8.13　茶 具，1924 年，由德国银和乌木制成，玛丽安·布朗特设计

图 8.14　方块壁画，1923年，330cm×346cm，赫伯特·拜尔设计

8.5　包豪斯主要教师和作坊

　　格罗皮乌斯认为美术与工艺并不是两种截然不同的活动，而是同一个对象的两种不同分类。通常艺术家比较注重艺术理论，容易接受新思维，作为教师，他们会激发学生的创造力和审美能力。基于这一点，格罗皮乌斯聘任了一批有社会知名度的画家、雕塑家们前来执教于包豪斯。这些人极富原创性，同时也极擅长自我表达，重要的是他们有兴趣研究基本问题及理论。除了这些艺术家，格罗皮乌斯还聘请了许多作坊大师，他们在各自的工艺类别上都是技艺精湛的手艺人。艺术家激励学生开动思想，开发创造力，作坊大师教会学生手工技巧和技术知识。

包豪斯主要教师介绍（按字母顺序排列） 表 8-1

包豪斯主要教师名	个人简介
1881–1929 阿道夫·梅耶（Adolf Meyer）	1911–1925 年间作为格罗皮乌斯的建筑实践助手，合作参与了他此后的主要设计。尽管从未成为魏玛包豪斯的正式教师，但他却以讲座的形式给感兴趣的学生授课
1895–1987 乔治·穆赫（Georg Muche）	曾是德国表现主义画家，逐渐对建筑产生兴趣，设计了霍恩街住宅和德绍的钢铁住宅。在包豪斯的六年中，作为纺织作坊大师，在思想和态度上最接近伊顿
1889–1981 格哈德·马克斯（Gerhard Marcks）	德国表现主义版画和雕刻家，木刻很有名，是德意志制造联盟的成员，与表现主义"风暴"画廊有联系。于 1919–1925 年间执教于包豪斯，在距魏玛 25 里远的陶艺作坊里担任形式大师。一战前他与格罗皮乌斯合作，为制造联盟科隆展的内部装饰创作陶艺。1925–1930 年间他在德国博格哥比斯斯丹艺术高级职业学校（Burg Giebichenstein Hochschule fuer Kunst und Design Halle）教授雕塑，并于 1930–1933 年间任该校校长，直至遭纳粹驱逐
1897–1983 贡塔·施特尔策尔（Gunta Stölzl）	20 世纪最具原创力的纺织大师之一。1919–1925 年间就读于包豪斯，起初是纺织作坊的助手，1927 年出任纺织系主任，是包豪斯唯一的女性大师。她创造了大量具有个性的纺织品，推动了现代工业设计的发展。1931 年她迫于纳粹的政治压力离开包豪斯移民瑞士
1900–1985 赫伯特·拜尔（Herbert Bayer）	出生于奥地利，1921–1923 年间就读于包豪斯，1925 年在包豪斯负责印刷作坊，三年后在格罗皮乌斯辞去校长职务时离开。拜尔是包豪斯毕业生中最多才多艺的一名，身兼画家、摄影师、设计师和建筑师数职，拜尔最富创意、最具影响力的创作在印刷、美术设计和广告设计领域。他于 1938 年移居美国，并在同年与格罗皮乌斯一起在纽约现代艺术博物馆举办了轰动一时的大型包豪斯艺术展
1888–1967 约翰内斯·伊顿（Johannes Itten）	瑞士人，曾是一位小学教师，受过弗里德里希·弗鲁贝尔（Friedrich W.A.Fröbel，1782–1852）所倡导的教育法的训练，后到斯图加特美术学院学习。 1919 年进入包豪斯任教，对初步课程进行了修改并亲自任任，同时他还担任一些作坊的形式大师。伊顿信奉拜火教，这种神秘主义曾一度控制了包豪斯，在教学中体现出对超自然因素的偏爱。此后当学校的学风趋向理性和结构主义时，他的影响力开始衰退，1923 年被动辞职。在离开包豪斯之后，伊顿在柏林建立了一所私人艺术学校，后迁往瑞士苏黎世
1893–1943 约斯特·施密特（Joost Schmidt）	包豪斯最受欢迎的成员之一，是雕塑家、印刷专家同时也是绘画大师。一战前曾在包豪斯学习绘画，战后重新就读于包豪斯，1925 年毕业。最初他学习木刻，后来在包豪斯兴建柏林佐默费尔德（Sommerfeld）住宅时，他负责装饰雕刻。1925 年他加盟包豪斯，留任到 1932 年。在德绍和柏林，他教授过印刷、实物写生和三维设计

续表

包豪斯主要教师名	个人简介
1888–1976 约瑟夫·阿尔伯斯 (Josef Albers)	1920 年就读于包豪斯，1923–1933 年间作为第一批包豪斯学生留校担任教师，是其中最好的艺术家和教师之一。最初教授一部分初步课程，1928 年在纳吉离开后成为工坊大师。阿尔伯斯富有经验，多才多艺。在从事彩色玻璃制作、设计和摄影工作，后于 1933 年移民美国专攻绘画。在美国黑山学院 (Black Mountain College) 他发展了包豪斯理论，成为极具影响力的教育家，1950–1958 年阿尔伯斯出任耶鲁大学艺术学院设计系主任
1871–1956 莱昂内尔·费宁格 (Lyonel Feininger)	出生于纽约，德国血统。早期学习音乐，后转向绘画，先后在柏林和汉堡学习，曾为德国、法国杂志和美国报纸创作政治画和连环漫画。1919–1932 年在包豪斯工作，曾担任印刷作坊的形式大师，1937 年回美国居住。其大部分作品以建筑为主题，深受立体主义影响
1895–1946 拉斯洛·莫霍利－纳吉 (László Moholy–Nagy)	生于匈牙利，最初学习法律。1918 年开始关注绘画并与激进艺术家"今日"(MA) 组织关系密切。1919 年移居维也纳，后到柏林。1921 年他结识了俄国结构主义画家伊艾·利西茨基 (EI Lissitzky, 1890–1941)，此人对他的作品和思想产生决定性的影响。1923–1928 年间纳吉受聘于包豪斯，接替伊顿执教初步课程。纳吉多才多艺，在绘画、摄影、印刷和工业设计行业颇有建树，同时还成为金工坊的形式大师，并且参编了"包豪斯丛书"。1934 年他移居阿姆斯特丹，一年后又移居伦敦，在那里迅速成为著名的纪录片制作人。1937 年他来到芝加哥建立"新包豪斯"，但很快由于财政困难关闭了。之后在那里建立了设计学院，传授包豪斯的思想和理念直至去世
1886–1966 洛塔尔·施赖尔 (Lothar Schreyer)	最初为律师，后成为一位画家、戏剧编剧和导演。1921 年加盟包豪斯，开办了戏剧作坊，后来在学院转变风格后于 1923 年离职
1902–1981 马歇尔·布劳耶（Marcel Breuer）	出生于匈牙利，毕业于包豪斯，并在 1925–1928 年留校任教。布劳耶专攻家具设计，受风格派设计师格里特·里特维尔德（Gerrit Rietveld, 1888–1965）的影响，发展了钢管家具。1935 年移民伦敦，1937 年移民美国，在哈佛大学教授建筑
1893–1983 玛丽安·布朗特（Marianne Brandt）	1911–1917 年曾在魏玛工艺美术学校学习绘画和雕塑，1923–1926 年就读于包豪斯，1927–1929 年受聘为助教。她最擅长的是金属和玻璃设计，事实上制作银器和其他餐具远比制作灯具困难，比如她设计的一款半球状烟灰缸，做工精良，设计科学，典雅而富有吸引力。1945 年之后她留在东德

续表

包豪斯主要教师名	个人简介
 1888–1943 奥斯卡·施赖默 (Oskar Schlemmer)	出生于斯图加特，为画家、雕塑家、舞美设计师。毕业于斯图加特艺术学院，早期受毕加索和塞尚的影响，一战前从事舞美设计。1920—1929 年间在包豪斯任教，先后在雕塑作坊和戏剧作坊担任形式大师。曾创作了"三人芭蕾"的舞蹈形式。其创作注重简洁与平衡，以几何体为根本造型
 1879 –1940 保罗·克利（Paul Klee）	克利为先锋派表现主义大师，出生和成长在瑞士，母亲是瑞士歌手，父亲为德国音乐教师。1920 年进入包豪斯任教，接管书籍装帧作坊，后转去彩绘玻璃作坊。克利的作品具有冥界意味，富于个性，具有超凡想象力。他对包豪斯教学最重要的贡献在于其设计了一门特有的课程，用来揭示艺术与自然的关系以及各种色彩与图形本质间的联系。较之于他的朋友施莱默和康定斯基，克利显得更为亲和，是学校最受欢迎和尊敬的教师。1931 年从包豪斯辞职后在杜塞尔多夫艺术学院教绘画。1933 年离开德国回国
 1897–1957 欣纳克·舍佩尔 (Hinnerk Scheper)	1919 年来到魏玛，是包豪斯最早入学的学生之一，之前在杜塞尔多夫和布来梅学习壁画，来到魏玛后他依旧钻研壁画并于 1922 年取得熟练工资格。1925 年他重回德绍包豪斯，担任壁画作坊主任，在那里他发明了混合颜料用于室内和室外彩图绘制。除了其间有三年在莫斯科担任顾问，舍佩尔一直在包豪斯任教直至 1933 年学校关闭
 1883–1931 特奥·范·杜斯堡 (Theo van Doesburg)	开创了荷兰风格派，创立《风格》杂志并担任主编。杜斯堡同皮特·蒙德里安 (Piet Mondrian, 1872-1944) 一样以抽象画闻名，但他也同时创作具有"达达"风格的作品，是当时最具活力和具有超凡魅力的人物之一。他对包豪斯风格中的浪漫主义色彩表示不满并对其提出批判。包豪斯的风格在 1921—1923 年间也就是杜斯堡在魏玛期间产生了很大转变
 1866–1944 瓦西里·康定斯基 (Wassily Kandinsky)	生于俄国，著名的抽象派画家和理论家，曾学习自然科学和法律，1896 年进入慕尼黑艺术学院学习绘画，1914 年被迫回国。1912 年出版长篇随笔《论艺术之精神》(Concerning the Spiritual in Art)。1921 年重回柏林从事绘画，后受聘于包豪斯直至学校关闭。任教期间，他负责魏玛的壁画作坊，教授色彩、图形创作以及分析绘图课，1933 年移民法国
 1897–1960 瓦尔特·彼得汉斯 (Walter Peterhans)	1929-1933 年间在包豪斯担任摄影系主任，教授摄影课程。在从事摄影之前他曾经研究数学、哲学和艺术史，他渊博的知识和广泛的兴趣渗透到他的教学和自身的摄影创作中去。1938 年他移民美国，1953 年回国。在乌尔姆复兴包豪斯教学理念的设计学院担任客座教授

（作者参考《包豪斯：大师和学生们》中的人物简介加以编辑整理并配以图片）

包豪斯主要作坊一览 表8-2

作坊名称	作坊大师	作坊名称	作坊大师
1. 纺织（Weaving） 	乔治·穆赫 贡塔·施特尔策尔	6. 壁画（Mural painting） 	瓦西里·康定斯基 欣纳克·舍佩尔
2. 金工（Metal） 	莫霍利－纳吉	7. 彩绘玻璃（Stained glass） 	保罗·克利
3. 陶艺（Ceramics） 	格哈德·马克斯	8. 书籍装帧（Bookbinding）	保罗·克利
		9. 字体和广告 （Typography and advertising）	赫伯特·拜尔 约斯特·施密特
4. 木工（Cabinet-making） 	约翰内斯·伊顿 马歇尔·布劳耶 约瑟夫·阿尔伯特	10. 印刷（Printing） 	约翰内斯·伊顿 奥斯卡·施赖默 莫霍利－纳吉 约瑟夫·阿尔伯特 赫伯特·拜尔 约斯特·施密特 莱昂内尔·费宁格
5. 木石雕刻（Wood and stone sculpture） 	奥斯卡·施赖默	11. 剧场（Stage）	奥斯卡·施赖默 洛塔尔·施赖尔

（作者根据包豪斯相关资料整理绘制）

图 8.15　佐默费尔德别墅外观，1920 年，具有表现主义风格，建筑由格罗皮乌斯设计

图 8.16　佐默费尔德别墅门厅一角，室内包括装饰木刻、窗帘、彩色玻璃窗、家具和地毯等由包豪斯各作坊负责设计和制作，内墙采用锯齿状风格装饰的柚木，满足了主人喜爱雕刻的愿望

图 8.17　佐默费尔德别墅的彩绘玻璃，1920 年，约瑟夫·阿尔伯斯设计

8.6　包豪斯的室内设计

在包豪斯的办学历史中，全校师生共同设计完成了几个重要的室内项目，实践着包豪斯所提倡的各艺术门类紧密合作并统合于建筑的精神。1920 年格罗皮乌斯为他最好的朋友之一阿道夫·佐默尔德 (Adolf Sommerfeld, 1886—1964) 设计建造柏林别墅时，首次尝试联合学校各作坊共同完成这一住宅委托项目。1923 年包豪斯首次举办教学成果展，以"艺术和技术——一个新的统一"为主题，在展示学生们的家具和产品设计外还包括了两个室内设计作品——校长格罗皮乌斯办公室设计以及霍恩街住宅 (Haus am Horn) 设计。校长办公室为一个正方形空间，靠窗布置了办公桌和会客区，沙发、书橱、茶几为格罗皮乌斯设计，这些家具以连续不断的直线条和平整的体积为设计母题，线管形吊灯则为荷兰风格派成员格里特·里特维尔德的作品，地毯和壁毯由康定斯基设计。

有着明显风格派特征的霍恩街住宅是为包豪斯展览建造的试验性住宅，由乔治·穆赫和阿道夫·梅耶设计。整个建筑平面呈正方形，围绕中间两层高的客厅布置书房、卧室、餐厅和浴室等一系列小空间。住宅采用特殊的绝缘材料来提高保温性能，厨房按卫生学和工效学的原理设计，空间实用紧凑，便于清扫，家具由初露才华的马歇尔·布劳耶等学生们设计，包括组合式沙发、床头柜、枝形吊灯和装饰物。

包豪斯的最大成就是创建了一整套艺术与设计教育体系，将现代设计和工业化理念融入纯艺术和手工艺中，形成了简约理性的包豪斯风格。具有讽刺意味的是 1933 年前包豪斯还只是在欧洲和美国受到尊崇，而希特勒纳粹查封关闭包豪斯后，大批教师、学生逃亡海外后使学院意外建立起广泛的国际知名度。后人多次尝试延续包豪斯的教育模式，其中大部分是移居美国的学校领袖人物，如纳吉于 1937 年在芝加哥建立了"新包豪斯"；约瑟夫·阿尔伯斯在耶鲁大学开设类似包豪斯的初步课程；包豪斯学生马克斯·比尔（Max Bill，1908—1994）二战后出任德国乌尔姆设计学院首任校长等。包豪斯学校虽存活了短短 14 年，但它的治学精神远远超越了它的风格，上升为一种对生活和艺术的信念，它对我们当今的设计教育乃至社会生活方式有着不可磨灭的影响和启迪意义。

图8.18

图 8.18　包豪斯首展现场，1923 年，以"艺术和技术——一个新的统一"为主题

图 8.19　包豪斯展览印刷海报，1923 年，约斯特·施密特设计

图 8.20　校长格罗皮乌斯办公室一景，1923 年，家具由格罗皮乌斯本人设计

图8.19

图8.20

图 8.21 霍恩街实验性住宅，1923 年，由乔治·穆赫和阿道夫·梅耶合作设计

图 8.22 霍恩街实验性住宅门厅，进门旁为小型办公区域，摄于 1999 年

图 8.23 霍恩街实验性住宅育婴室，与厨房和餐厅相连，摄于 1999 年

注释

1 （德）弗兰克·惠特福德（Frank Whitford）著，包豪斯：大师和学生们. 陈江峰，李晓隽译. 北京：艺术与设计出版社，2006：269.

2 引自 Walter Gropius，"Programme of the Staatliches Bauhaus in Weimar"，in Programs and Manifestoes on 20ᵗʰ-Century Architecture. Ulrich Conrads. Cambridge，The MIT Press，1975. 49.

3 摘自格罗皮乌斯 1919 年 7 月在一次学生作品展览上为包豪斯的学生发表的演讲。转引自艺术与设计杂志社. 包豪斯：大师和学生们. 北京：中国建筑工业出版社，2006：44.

4 摘自汉纳斯·梅耶 1926 年的文章 "新的领域"。转引自艺术与设计杂志社. 包豪斯：大师和学生们. 北京：中国建筑工业出版社，2006：221.

5 摘自 1930《形式》（Die Form）中密斯的 "新世纪"。转引自艺术与设计杂志社. 包豪斯：大师和学生们. 北京：中国建筑工业出版社，2006：250.

6 摘自约翰内斯·伊顿于 1963 年创作的《设计与结构》（Gestaltungs und Formenlehre）. 转引自艺术与设计杂志社. 包豪斯：大师和学生们. 北京：中国建筑工业出版社，2006：49.

7 摘自保罗·克利的《学习自然的途径》. 魏玛国立包豪斯，1919–1923（Staatliches Bauhaus Weimar,1919–1923）. 转引自艺术与设计杂志社. 包豪斯：大师和学生们. 北京：中国建筑工业出版社，2006：66.

8 摘自瓦西里·康定斯基. 色彩课程和研讨会. 魏玛国立包豪斯，1919–1923. (Staatliches Bauhaus Weimar,1919–1923)；转引自艺术与设计杂志社. 包豪斯：大师和学生们. 北京：中国建筑工业出版社，2006：74.

9 摘自 1938 年的《从酒壶到照明器材》（From Wine Jugs to Lighting Fixtures）. 转引自艺术与设计杂志社. 包豪斯：大师和学生们. 北京：中国建筑工业出版社，2006：150.

10 摘自纳吉 1928 年的《材料到建筑》（From the Material to Architecture）。转引自艺术与设计杂志社. 包豪斯：大师和学生们. 北京：中国建筑工业出版社，2006：147.

第 9 章

赖特的住家设计——壁炉与餐厅

Frank Lloyd Wright's House Design—The Fireplaces and the
Dinning Rooms

壁炉有着强烈的象征意义，它照亮、温暖和净化人的心灵，它意味着你有一位父亲和一个心灵的归属。

——20 世纪初的一则广告语[1]

我终于学会把砖当砖，把木材当木材，把混凝土当混凝土，把玻璃当玻璃。这种忠于材质的手法其实远比无中生有的创造更难。

——赖特，1932 年《自传》[2]

弗兰克·劳埃德·赖特（Frank Lloyd Wright，1867—1959）是 20 世纪美国建筑大师，也是一名规划师、室内设计师、家具设计师、作家及音乐家。赖特的思想深受家庭的影响，中学教师的母亲擅长诗歌和文学，而父亲则是一位作曲家和牧师。赖特经历了美国工艺美术运动、新艺术运动、装饰艺术运动及现代主义运动，他的成就在于没有简单模仿历史样式，而是努力探索一种基于美国本土文化的有机建筑式样，并身体力行地贯彻学徒制教育模式。

赖特未完成威斯康辛大学土木工程学业，辍学来到芝加哥，曾师从芝加哥建筑学派最重要的代表人物路易斯·沙利文（Louis Henri Sullivan，1856—1924）[3]。自 1893 年赖特成立自己的建筑事务所后，开始了长达 72 年的设计生涯。在他一生所承接的设计项目中，别墅和小住宅是最多的建筑类型。

9.1　住宅风格

赖特的住宅设计分为以下几个阶段，早期为橡树园住宅，包括 1889 年的设计师自宅和 1898 年扩建的工作室。1901—1909 年为草原式住宅时期，这是他的第一个创作黄金期。草原式住宅有着强烈的特点：水平延伸，缓坡屋顶，大出檐，长排的窗户使房屋显得较低矮，不设阁楼和地下室，内表面和家具制作采用当地未上漆的自然木料，适合于美国中西部草原的气候和地广人稀的特点。该时期的住宅有威利茨住宅（Willits House，1901）、孔利住宅（Avery Coonley House, 1908）和罗比住宅 (Robie House, 1906) 等。

赖特的第二个创作黄金期开始于 20 世纪 30 年代。1929 美国经济出现大萧条，直接影响着建筑业的发展。为了使中产阶级早日摆脱经济危机的困扰，赖特推出了"美国风"（Usonian）住宅风格。[4]这类住宅以砖、木、水泥、玻璃等材料为主材，强调材料本色，消除一切不必要的装饰，结构柱网根据板材的尺寸而定，住宅配备了混凝土地板采暖、夹层墙体、灵活的单元体系、固定的胶合板家具等，这些设计鼓励主人们自己动手建造以降低房屋造价。在美国风住宅中，最经济耐用的木材经刨光后显露出它的自然纹理，配合局部内墙的砖面装饰，使设计风格向有机理论更迈进了一步。

图 9.1　赖特近身照

人的尺度是赖特住宅中反复强调的设计要素，在赖特看来，人体尺度体现了真实的建筑尺度，"我不会在建筑中设置豪华夸张的高度，而是像一个旁观者那样让内部的使用者舒适愉悦。"[5]与文艺复兴时期强调对称格局的住宅相比，赖特所设计的住宅入口大多显得低调亲切，不与客厅直对，这种入口引导方式具有更多的东方色彩。同时赖特被日本神道深深吸引，[6]深受日本简洁舒适的住家启发，但他没有单纯模仿日式建筑，而是抓住了"清净"这个建筑本质。谈到简洁性，赖特 1906 年在为《美丽住宅》杂志撰文中曾写到："室内的简洁性通过避免繁复的曲线、雕刻和无意义的装饰以及对家具数量的限定而获得，不要一味将家具充斥于房间。"[7]

赖特的第一个自建住宅不是那时代寻常的建筑，它位于芝加哥郊外的橡树园内，外表为朴素的暗色鹅卵石和陶土砖墙，没有传统高耸的烟囱。与低调的外观相反，室内精致而有诗意，它一反晚期维多利亚时代常见的卷涡装饰，简洁的橡木家具搭配东方地毯、日本长轴字画与装饰摆件，呈现出一股内敛素雅的文化品位。起居室的圆拱状壁炉由罗马砖铺砌，上端的橡木壁炉架上刻有铭文"生活就是真理"的字样，而游戏室里巨大的拱形顶棚主导着室内的空间形态，给人一种庄重怀旧的氛围。在所有住宅中最为成功的当属罗比住宅，它处于芝加哥南部的某条街道的转角处，水平低矮的屋顶限定了庭院和露台，不起眼的入口设置在半开放的内院尽端，进厅窄小紧凑，宽敞的起居室与餐厅沿街排开，中间用壁炉墙隔开，舒展连续的落地窗将外部风景和阳光充分引入室内，窗户上的彩色玻璃、顶棚的装饰木条及特别定制的灯具、家具、地毯等物品令室内具有高度和谐的视觉感受。

规划住宅室内环境并非易事，因为业主常常会将他们不合时宜的家具尤其是将具有维多利亚风格的家具搬进新居。为了回避这些矛盾，赖特尝试设计一些嵌入式或固定式家具来控制室内的整体格调，如壁炉边的座位、客厅或书房的书架、餐具柜或橱柜等，这些家具选用与住宅相同的木料且不上漆，调和了其间一些不相关物体的视觉差异，确保了室内风格的连贯性和完整性。渐渐地赖特的设计范围进一步拓展到包括书桌、边桌、餐桌、椅子等更多移动家具上。

统一性、简洁性在赖特许多住宅中得以体现，而壁炉和餐厅对赖特住宅有着非比寻常的意义。壁炉不管是早期的草原式还是后期的美国风都始终占据着赖特住宅的核心部位，成为设计师精神家园的一个重要标志，而

图9.2 赖特的橡树园自宅中，起居室壁炉两边分设炉边座位，形成私密安静的空间一角，由罗马砖铺砌的拱券状壁炉上方为橡木壁炉架，刻有"生活就是真理"的铭文字样

图9.3 橡树园赖特自宅的游戏室拱顶宏伟，端墙设有壁炉，壁炉上部墙面为奥兰多·詹尼尼（Orlando Giannini，1861–1928）的大型壁画"渔夫与魔鬼"

图9.2

图9.3

餐厅在设计师诸多作品里也被赋予浓郁的文化象征意义，两者的演变过程成为美国半个多世纪社会发展和经济变革的一个缩影。

9.2 壁炉设计

赖特的住宅带着强烈的壁炉情结，他一生中共设计了1000多个壁炉，每个都不尽相同。壁炉在赖特眼里不再是一个简单的取暖设施，而是承载设计师家庭观和人生观的一个精神载体。19世纪中期，英国著名建筑评论家拉斯金在其所著的《建筑的七盏明灯》中谈及美学、建筑和道德之间的关系时，认为每栋住宅无论大小都应具备烟囱和壁炉，以唤起人们内心的真诚心和传统的价值观，后来的工艺美术运动支持者也认同这一观点。

壁炉是赖特住宅中一个不可缺少的功能构件，是整个居家的"心脏"。在他的有机建筑论里，壁炉被喻为有机建筑的"树干"，住宅模拟"树干"和"树枝"的自然生长结构来安排各个房间。赖特先后为自己的三处住宅设计了44个壁炉，每个都堪称是一件艺术品。在塔里埃森（Taliesin）的自宅中，由长石块砌筑的壁炉区成为家庭活动的中心，在举行正式或非正式音乐聚会时，客人和家人围坐在壁炉旁，欣赏着赖特一展他父亲传授于他的钢琴才艺。

赖特的早期壁炉以对称格局为主，后改为非对称样式，这显示了他从维多利亚时代的传统性向工业时代现代性的转变。为应对20世纪30年代的经济危机，赖特对以后的住宅设计作了简化，但他仍保留了壁炉这一构件并以它为核心展开平面布局。针对大多数美国家庭丑陋的壁炉架及悬挂的易燃装饰帘帐，赖特对壁炉进行了改良设计——去除了一切不必要的装

图9.4　1896年赖特为朋友查尔斯·罗伯茨（Charles Roberts, 1894-1951）整改住宅时在壁炉架上设置了壁柜，壁柜上有沙利文式的复杂难懂的透雕图案，使空间充满了神秘感

图9.5　汉纳住宅(Hanna House, 1936)以六边形为模数，客厅壁炉也采用多边形造型与之呼应，红砖铺贴，转角处支撑结构与装饰相结合

图9.4

图9.5

图 9.6　罗比住宅外观

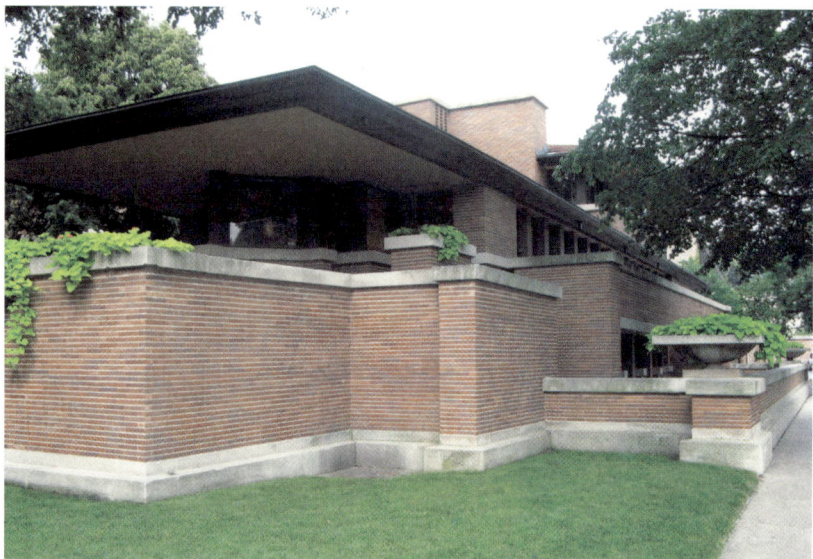

图 9.7　罗比住宅的客厅与餐厅用一个壁炉墙分隔，隔墙中央布置炉膛，烟道设于两侧，墙上的洞口便于墙两侧的视觉连贯

图 9.8　塔里埃森工作室中的毛石壁炉被原样保留了80年之久，而房间其余部分则重新调整了多次。壁炉架上是赖特母亲的肖像画

图 9.9　流水别墅的客厅壁炉用大小不一的自然石材垒砌，与粗犷自然的地面对应，红色悬挂式铸铁球为烧水之用，完毕后可折叠移放于一边

图 9.10　布朗住宅（Brown House, 1949）的客厅壁炉区，壁炉墙用混凝土砌块铺砌

图9.7

图9.8

图9.9

图9.10

图9.11　蜀葵住宅(Hollyhock House,1917)的客厅壁炉区，壁炉上的浮雕设计运用了四种元素，分别象征泥土、空气、火以及水。天光从壁炉上方的装饰顶棚中泻下，环绕壁炉的地面设有马蹄形的水池

饰和传统痕迹，宽口炉膛、低矮烟囱，充满雕塑感的外形使壁炉成为一种超越使用价值之上的情感象征符号。

　　赖特的大部分壁炉用黄色、红色及棕褐色的机制陶砖砌造，这些砖切割良好，有着不同的质感和形状，从建筑外表延伸到内墙，素净而无装饰感。除了陶砖外，石材、混合木材、瓷砖也被用于壁炉设计。赖特的壁炉架也别具一格，上方常被刻上一些励志警句，如"家庭的原则是秩序，家庭的祝福是满足，家庭的荣耀是盛情，家庭的桂冠是冷静。"[8]寥寥几行小字使空间多了份美国本土特有的精神内涵。

　　综观赖特的壁炉设计，其特征可总结为以下几点：

赖特壁炉设计特点一览　　　　　　　表 9-1

序号	赖特的壁炉设计特点
1	壁炉成为住宅平面布局的核心和枢纽，其他房间由此来组织建构
2	完美宜人的尺度，不同的空间有着相对应的壁炉尺度
3	易亲近，壁炉区固定座位可以将亲朋好友聚拢在炉边，形成居室中一个令人心动的地方
4	壁炉的造型、材质及装饰题材反映了建筑和室内的设计主题
5	材质丰富，没有固定模式，包括当地石材、不同尺寸的红砖（特别是罗马砖）、瓷砖和混凝土等
6	造型具有鲜明个性，对壁炉构造的科学性关注不多，厚实的基座、巨大的开口、低矮的烟道、少量的炉架、定制的五金器具以及不设挡风板构成了赖特的壁炉风格，其象征性大于功效性
7	施工精良，突出优质的手工艺
8	炉架上常刻有励志座右铭，使壁炉成为家庭观的精神载体

（作者根据 Carla Lind. Frank Lloyd Wright's Fireplaces. San Francisco：Pomegranate Artbooks，1995：18. 的资料编译整理）

9.3 餐厅设计

在赖特漫长的设计生涯中，社会的变迁不断影响着美国家庭的生活方式，而这种变化可以从餐厅设计的变化中体现出来。18世纪前美国家庭用餐大都靠近提供热源和备餐的厨房，之后出现了配备家具的用餐空间。随着19世纪美国社会走向富足，中产阶级开始注重家庭礼制，备餐功能因仆人的介入而与厨房分离，就餐空间趋于正式和独立，餐桌椅根据家庭成员的关系设定，通常主位留给一家之主的父亲。20世纪20年代，工业化和妇女争取平等的运动使家庭模式渐起变化，餐厅的隔墙消失，餐厅成为客厅的一部分，而厨房成为无佣人家庭的生活中心。20世纪30年代经济大萧条，用餐不再如以往正式而成为备餐区的延伸。

赖特早在1896年就想取消独立餐室，将它纳入到开放空间中去，但由于业主的原因而未能实现，因此他的第一步是将起居室向庭院打开。1901年赖特为《妇女之家》杂志设计住宅时就将餐厅与起居室视作一对互相联系而各自独立的功能区域，墙体则用日式屏风隔开。1908年赖特主张将住家的基本功能包括门厅、起居、用餐和烹饪等整合到一个大空间里，通过隔墙的重新布局来塑造开放空间，然而直到1934年他的开放式平面才在威利住宅（Willey House）中得以实现。

赖特尊重自然，这与美国工艺美术先锋人物斯蒂克利将餐厅视作"活力之源"的观点一致。赖特的早期餐厅常凸出于住宅并与周围环境相融合，在1936年后的美国风住宅中，大部分餐厅处于住宅中心地带，它们不再独立，而是与厨房服务区相对，与客厅相接，许多餐椅与客厅椅子采用相同层压板制成，可兼顾两边灵活使用。截止1913年，赖特已根据客户的预算和需求设计了75个不同的餐厅，设计包含了地毯、图案复杂的窗扇及家具等大量配套装备，强调餐厅空间的温暖、快乐、安全等人性化要素。橡树园自宅是赖特第一个整体设计作品，餐厅中央放置一个圆木锯割而成的巨大橡木餐桌，配以八个垂直的高背椅，地面与壁炉墙连贯起来，细心装饰的墙面用嵌板划分，覆以金色的帆布画，散热器被隐藏起来，灯具用米纸制成，这种风格多年后才被客户接受。罗比住宅作为赖特早期最著名的作品，其餐厅和起居空间仅以一座壁炉墙分隔，所有家具都由赖特设计，直线装饰的高背椅、带灯具角柱的大餐桌、内置式橱柜配合顶棚相应的木装饰图案，给家人和访客一个庄重雅致的用餐氛围。

比较赖特早期和后期的餐厅，可以看到赖特早年橡树园的自宅和工作室较为正式，带有相对独立的餐厅，而威斯康辛州的塔里埃森则将用餐区划为客厅的一部分。除了空间布局外，两者还在家具、材质、色彩、照明等方面有所不同，见下表：

图 9.12　橡树园赖特自宅的餐厅，家具和灯具为他本人设计

图 9.13　橡树园里的毕切住宅（Beachy House, 1906）餐厅一景，正对壁炉的玻璃门将视线引向南边花园，除了正式餐桌外，小巧私密的边桌供人餐后交谈

图 9.14 蜀葵住宅餐厅，该住宅以女主人最喜欢的花卉命名，并将它作为整个建筑的装饰母题，六边形木质餐桌和高直靠背椅由设计师为空间特别设计，装饰图案与外观相同

图 9.15 密西根史密斯住宅（Smith House, 1950）的用餐区为开放式客厅一角，靠近厨房工作区，餐桌椅尺度宜人，手工折叠椅背，木质顶棚上有模拟松树影的透雕装饰，配以隐藏式照明，使整个空间温馨亲切而令人回味

图 9.16 帕尔默住宅（Palmer House, 1950）中开放的用餐区被齐人高的橱柜与厨房隔开，无论是橱柜隔断、餐椅、茶几还是墙上固定矮柜都遵循着三角形的同一模数

赖特早期与后期餐厅特点比较　　　　表 9-2

比较分项	早期特征	后期特征
空间格局	向客厅敞开，通常分隔出用餐区	居于住宅中央位置，取消独立餐厅格局，将用餐区纳入到客厅中，用一道石墙或玻璃墙分开，临近厨房
家具可动性	嵌入式家具，橱柜和餐具柜一体化，带有艺术玻璃门	桌、书架与墙相连以增加面积，相同材质的椅子适合餐厅和客厅共同使用
材质与造型	高背椅配合厚重的木质餐桌，硬木地板，所有木作为美国橡木	简洁，去除一切无意义的装饰元素，突出实效性
色彩	自然的秋天色彩——黄色、金色、赭色、红色和深绿色	暖色、红色和柔和的金色为主色调，后期也增加了黄绿色和蓝色
家具尺度与肌理	人性化尺度，天鹅绒等没有图案装饰的家具织物包面，有些则是皮革	流露自然纹理和色泽，钟情手工编织物，无图案
照明	定制吊灯在空旷高大的空间里限定出一个相对恬静私密的用餐氛围	隐藏光源向顶棚投射，采用间接型照明方式
室内外渗透	将室外花园的自然景色引进室内	窗的朝向面向于住宅的私密领域
家具制作		多为现场制作，每个项目所有家具采用相同的模数、形式语言及材料，材质多用夹板，不求昂贵

（作者根据 Carla Lind. Frank Lloyd Wright's Dinging Rooms. San Francisco：Pomegranate Artbooks, 1995：22-25. 的有关资料编译整理）

9.4　家饰设计

　　家饰设计是赖特有机建筑理论的重要组成部分，在他漫长的设计生涯中，他为住宅配套设计了许多经典的家具和居家饰品。早期他与麦金托什、斯蒂克利一样对未上清漆的橡木高靠背椅和直线形家具情有独钟，而后期美国风住宅因造价因素更加重了固定家具的比重，由胶合板制成的桌、椅、凳呈现长方形、三角形、六边形、圆形等几何形状，对应着它们所处的建筑场地模数。为方便拖动，它们轻巧灵便，且材质与造型的协调使它们在客厅与餐厅两边可以兼用。

　　将花卉、照明相结合的四角灯柱餐桌是赖特的创新特色家具，此款在梅住宅（May House，1908）中有幸被完好地保存下来。赖特发现传统大型宴会在用餐时鲜花和蜡烛常被置于餐桌中央，这不可避免地造成了餐桌四边宾客之间的视觉障碍，针对这一现象，赖特巧妙地将花槽和照明结合并移置于餐桌四角，达到了美观和实用的双重目的。

图 9.17 梅住宅餐厅，带装饰灯柱的长方形木质餐桌将花卉、照明与用餐等功能结合起来，美观实用，是赖特的创新家具

图 9.18 赖特在约翰逊住宅（Johnson House，1949）中设计的落地灯和橡木扶手椅颇有日本韵味

图 9.19 犹如微型日本宝塔的双层基座台灯是赖特最优雅的灯具设计之一，绿、金黄、铜绿等色调与室内的其他色系相呼应

　　赖特是一个勤奋而多产的建筑师，一生共设计了 1000 多座建筑，至今约有 400 座建筑留存下来，其中的 70 座向公众开放。赖特的建筑与室内不排斥装饰，尽管他早期对装饰持反对态度；他赞同工艺美术运动对于手工艺精神的复兴，但不排斥机器的作用，特别到了中后期许多项目都考虑了工业化生产的可能性。由于父亲的音乐启蒙教育和影响，赖特一生的设计创作与作曲家极为相似，蜀葵住宅被他喻为南加州的一首浪漫曲。凭着天赋和努力，赖特为业主们奉上了一个个用心演绎的建筑交响乐，在历史的长河中不断回响。

注释

1　Carla Lind. Frank Lloyd Wright's Fireplaces. San Francisco: Pomegranate Artbooks, 1995：10.

2　（美）Stanley Abercrombie 著. 室内设计哲学. 赵梦琳译. 台北：建筑情报出版社, 1999：99.

3　路易斯·沙利文，美国建筑师，被誉为"摩天大楼之父"和"现代主义之父"。芝加哥建筑学派是 20 世纪初在芝加哥活跃的建筑师所带起，他们是第一批在商业建筑中推广框架建筑新技术的人，并发展了一种与欧洲现代主义并行发展的空间美学。

4　Usonian 一词借用了塞缪尔·巴特勒（Samuel Butler, 1835—1902）的小说《埃瑞洪》（Erewhon, 1872）中的用语。

5　Edited by David Larkin, Bruce Brooks Pfeiffer. Frank Lloyd Wright：The Masterworks. New York：Rizzoli International Publications Inc.,1993:89.

6　日本神道的核心思想是清净，这是日本的传统风俗。按神道教的说法，不论好人还是道义之人，他应该是一个清净之人，拥有清净之手、清净之心。引自 Edited by David Larkin, Bruce Brooks Pfeiffer. Frank Lloyd Wright：The Masterworks. New York：Rizzoli International Publications Inc.,1993: 97.

7　Diane Maddex. Wright—Sized Houses. Frank Lloyd Wright's Solutions for Making Small Houses Feel Big. New York：Harry N. Abrams, 2003.78.

8　1904 刻于希斯住宅壁炉架上的座右铭。

第 10 章

室内设计早期职业化进程
Early Professionalization Process of Interior Design

比我们年轻一些的人刚刚离开这样的学院：学院里的现代艺术课程先教鲁本斯，最后教到关于凡·高和马蒂斯肤浅而对立的评论，学院的哥特式宿舍有着如画般碎裂窗格。其他建筑学校的人则从渲染大幅的多立克柱式开始，到设计殖民地式的体育馆和罗马式的摩天大楼结束。

——阿尔佛雷德·H·巴尔（Alfred H.Barr,Jr.）[1]

室内设计是 20 世纪一个新型行业，与人们生活紧密相关，在它成为一个独立的职业前一直由细木工匠、艺术家、居家品零售商们所代劳，或是建筑师的设计衍生物。室内设计的前身为室内装饰，第二次世界大战后才被正名。室内设计是一个复杂的系统，它关乎不同领域的设计，其学科交叉的特点使它的职业化过程要比其他设计界来得晚，同时室内设计又被看作是流行产业的一个分支，它追求新奇，紧跟时尚潮流，使用周期相比建筑要短暂得多，在照相技术发明之前许多室内装饰尤其是居家装饰的历史记录无法得到保存，这使得室内设计师的社会地位和关注度不能与艺术家或建筑师同日而语，其职业化的进程也并非顺畅。

10.1　室内装饰业的历史背景

19 世纪晚期到 20 世纪初期欧洲的装饰风格呈现出从未有过的繁华景象，工艺美术运动、美学运动、安妮女王复兴、新艺术运动等一波又一波的装饰浪潮令人目不暇接。这些新潮的艺术运动大都从艺术改革家或设计师的住家开始，以此探寻反主流的设计观念与装饰语汇，并通过博览会、杂志或行业沙龙等形式向社会推广。

室内环境与家庭有着天然的联系，家是人们最亲密熟悉的地方。住家有别于公共环境，是一个供人内省、休憩和施展个性的场所，体现出主人的喜好和品位，女性在传统价值观中一直以家庭为中心，故居家装饰与女性密切相关。自 19 世纪中期对家居礼仪的重视为受过良好教育的中产阶级女性开辟了展示她们才华的舞台，鼓励她们去创造和布置属于自己的家。细腻和爱美是女性的天性，加上后天的艺术熏陶，这为她们日后成为居家装饰师打下了坚实的基础。

装饰界在 19 世纪晚期仍由男性统领，他们可以是建筑师、艺术家、销售员或家具商中的任何一员。职业装饰师出现在第一次大战前夕，因经济衰退而成为劳动力的大量中产阶级妇女努力摆脱性别和等级的束缚，纷纷踏进装饰师的行列，然而在现实中，女性常常会受到男性同行的排斥和疏离，同时正规教育对于女性来说也极为不易，不但名额有限，且传统观念及因学费、时间或距离等造成的诸多因素都成为她们进入学校的障碍。美国是最早出现职业装饰师的国家，这归因于这个新兴民主国家的女性与欧洲相比没有受到太多社会习俗的制约和影响。至 20 世纪 20 年代，越来越多的美国女性加入到这一行业中，并成为纽约装饰俱乐部等一些早期装饰协会的成员。

10.2 室内装饰的职业化步骤

早期室内装饰师的职责是为客户设计和挑选适合的墙地面色调、家具及家饰品，它要求从业者具有相当的美学品味、专业知识和从业经验，这些从工匠、艺术家、贸易商等众多其他相关行业中分离出来的技能成为装饰师的从业基础。装饰职业化通过成立行业组织、注册登记、建立行业规范和专业培训等一系列程序，加上官方机构的参与以及公众的认同而逐渐形成，它建立了从业者与客户间的利益信任，也促使从业者转变观念，从以往单纯注重品位和个性转向对技术和制度的重视，逐步树立起职业的权威性。

建立行业组织是室内装饰职业化的一个重要举措，它能释放强大的力量去推动行业发展。早期行业组织以地方性为主，不断发展后加入了各级政府的参与和管理。受 1925 年巴黎装饰艺术展的影响，美国百货公司成为传播现代设计的窗口，刺激了美国市场对当代设计的接受度。美国装饰行业组织纷纷成立，如 1928 年成立的美国装饰艺术家和工匠联盟，[2] 1931 年成立的美国室内装饰师协会（两次更名后改为美国室内设计师协会）等。

专业培训是装饰业走向职业化的另一个重要途径。职业装饰师为客户提供美学建议，为他们打造符合他们个性和生活方式的居所。为胜任这一角色，设计师需要不断提升自我、丰富实践经验。19 世纪早期美国已设立了艺术和设计学院，19 世纪中期建筑院校成立，而所有设计和建筑学校均以男性为主，未对女性开放。美国设计教育家弗兰克·阿尔瓦·帕森斯（Frank Alvah Parsons，1866—1930）率先于 1904 年在纽约工艺和应用美术学校开设室内装饰课程，谢里尔·惠顿（Sherrill Whiton，1887—1961）于 1916 年开设纽约室内装饰学校（后改为纽约设计学院），[3] 之前他已写过

图 10.1 这是成立于 1931 年的美国室内装饰师协会（AIID）会标

装饰方面的类似课程教案。大多数装饰师们都从学徒开始进入这一领域，这种学徒制与工匠、建筑师、法律等行业的传统教育模式相一致。随着大量女性的涌入，除了建筑师出身的装饰师外，在 20 世纪的头十年中女性成为装饰师的道路与男性趋于接近。

美国第一代室内装饰师南希·V·迈克莱兰 (Nancy V. McClelland, 1877-1959) 成为推动室内装饰职业化的重要人物，她一生为室内装饰师的合法地位而努力奔走。1922 年迈克莱兰和哈罗德·艾伯莱因（Harold Eberlein，1875-1942）一起编写了装饰课程，四年的专业课程提供了装饰师从业必备的知识架构，包括墙顶地、窗，照明装置，色彩搭配，家具选样与布置；织物与窗帘、挂画的选择与装裱以及油漆等诸多方面，相当于顶尖大学的建筑学课程。1929 年迈克莱兰出版了《女性职业概要——成功实践指南》一书，[4] 提倡在实用美术院校开设装饰课程，学制二至三年，包括手工和机械制图、建筑设计、色彩和照明、地毯以及其他材料。迈克莱兰认为学徒制是装饰业人才培养的一个重要组成部分，主张通过旅行来了解各地风土人情，丰富和开拓历史文化视野。20 世纪 30 年代晚期她鼓励装饰师协会与教育相结合，强化了教学和实践结合的重要性。

10.3　第一代室内装饰师的出现

室内装饰作为 20 世纪早期一个新兴职业而备受人们的关注，第一批室内装饰师大都为具有社会知名度的中产阶级女性，她们为富裕的圈内朋友们设计住家，最终演变为职业设计师，同时她们还以其社会地位和公众影响力推动了室内装饰业的普及和发展。

坎达丝·惠勒 (Candace Wheeler, 1827-1923) 是美国最早的职业妇女，第一代室内设计和纺织品设计师，早在 1877 年她就创立了纽约艺术装饰社团，[5] 其漫长的职业生涯遭遇了殖民地风格复兴、美学运动、工艺美术运动等多个艺术装饰风潮。惠勒曾在 1895 年杂志《展望》(Outlook) 上发表过一篇题为"作为女性职业的室内装饰"[6] 的文章，激励妇女积极投身室内装饰界。

埃尔茜·德·沃尔夫（Elsie de Wolfe，1865-1950）可谓是美国第一代室内装饰师中的榜样，她在 20 岁时受到维多利亚女王的接见，后进入伦敦社交圈，其客户大都是纽约富商。1890 年起沃尔夫涉足装饰业，并在 1926 年达到她事业的鼎盛期。沃尔夫拥有精致优雅的生活品位，常在法国度假并定制服装。她所处的 19 世纪晚期住宅内部大都深暗压抑，那些中产阶级和企业大亨的居室充斥着大批油画、雕塑、挂毯、艺术摆设等收藏品和古玩，同时从墙纸、窗帘、地毯、桌布、家具软包到枝形吊灯无不充斥繁琐的装饰纹样，透露出一股与工业文明价值观严重背离的奢靡怀

图 10.2 诗意的水仙，
1883—1900 年，纺织品，惠
勒设计，作品灵感来自设计
师自家花园中的植物

旧之风，且有愈演愈烈的趋势，这激起了沃尔夫强烈的改革之心。沃尔夫首先将房间色调变淡，去除厚重的窗帘帷幔，引进光线、空气，简化和抽象原有装饰和家具形式，同时她选用法国 18 世纪家具以及乡村印花棉布营造出一股清丽脱俗的住家风格。她著写的《高品位住宅》[7]一书成为室内设计界第一批有影响力的著作之一，在纽约、巴黎和伦敦等地享有很高的知名度。

战争期间美国出现了一批成功的室内装饰师，如美国的迈克莱兰、鲁比·罗斯·伍德 (Ruby Ross Wood,1881—1950) 等。迈克莱兰不仅是装饰职业化的重要推手，也是一名墙纸设计师，最初学习艺术和装饰的她没有以学徒的方式而是凭借百货商店的橱窗设计以及后来的独立开业经历积累了宝贵的实战经验，1922 年她在纽约开设了自己的公司。她擅长法国手绘墙纸设计以及法式、英国摄政式、殖民地式等复古装饰格调，注重精确的比例和对称的格局。1924 年她出版了第一本记录墙纸历史沿革的权威著作《墙纸的历史风格》，[8]1925 年和 1927 年又分别出版了《墙面装饰操作手册》[9]以及《年轻装饰师》[10]两本书，这使她成为装饰业的领军人物。伍德是一个经验丰富的色彩设计师，喜欢在塑料和墙纸上使用鲜亮色调，她的设计具有舒适而非对称的英国式风格，1928 年她为亚特兰大业主设计的大厅走道选用黑白方格板，餐厅铺贴手工绘画墙纸，配置了舒服的复古家具，充分展示了伍德独特的艺术品位，此空间被作为 20 世纪 20 年代典型装饰风格而得以保存。

英国在 20 世纪早期也涌现出一批出色的室内装饰师，其中赛里·莫姆 (Syrie Maughem, 1879—1955) 和西比尔·科尔法克斯 (Sybil Colefax,

图 10.3　纽约第一个女子俱乐部——"侨民俱乐部"私人餐厅，沃尔夫设计，收录在《高品位住宅》一书中

图 10.4　德怀特·迪尔·威曼夫人卧室（Mrs. Dwight Deere Wiman，1928 年），迈克莱兰设计

1874—1950）致力于私人住宅装修，成绩斐然。出生于伦敦的莫姆被喻为英国的"沃尔夫"，是 20 世纪 20 年代英国最重要的室内设计师之一，她在婚姻失败后曾去接受古董的鉴赏和培训，以此开始了自己的事业。1922 年她开设了第一家家具店并取得了极大成功，在纽约、芝加哥及旧金山等地都设有分部。1927 年的伦敦自宅"白厅"是她标志性的室内作品，白色成为室内的主基调，内墙、缎子窗帘、天鹅绒台灯、法国路易十五式的漆白桌椅以及白色山茶花的摆设，加上大量镜子的运用，使整个房间呈现出一种与凝重的维多利亚后期风格完全反差的视觉印象。1933 年后莫姆除了常用

图 10.5 "白厅"是被誉为莫姆的标志性室内作品，镜面、纯白色系及舒适的沙发营造了极具现代感的室内形象，颇受中产阶级的欢迎

的经典白色外还添加了粉红色、绿色和蓝色，她的商店在 20 世纪 30 年代末二战爆发时关闭。科尔法克斯作为同时期的有力对手与莫姆的前卫风格不同，受英国乡村住宅的启发，厚重的帷幕、实心家具成为她室内作品的写照，1938 年科尔法克斯与精通 18 世纪装饰的约翰·福勒（John Fowler，1817—1898）合作，探索对过去风格的怀旧和模仿。

10.4　20 世纪早期的设计教育改革

19 世纪上半叶，形形色色的复古风潮为欧洲社会的工业产品带来了华而不实的矫饰之风，如洛可可式的纺织机、哥特式蒸汽机以及新埃及式水压机等，艺术与技术的矛盾十分突出。如何将艺术与技术相统一最终在世纪之交引发了一场设计革命，同时也催生了对现行保守僵化的艺术教育的质疑和改革。

19 世纪欧洲的美术院校普遍遵循着远离日常生活美学的纯艺术教育传统，设计改革首先从美院的教学架构中增加工艺美术或实用美术的课程开始，逐步将培养的目标从原先的艺术家转变为适应时代需要的实用型艺术

人才上来。欧洲教育改革的先驱人物比利时建筑师凡·德·费尔德最初为画家，他的改革动机与英国的莫里斯一样也是因结婚时无法买到中意的家具而自己动手设计，从而使他立志毕生从事设计活动和设计改革。1906 年他在魏玛担任艺术顾问，从教育入手进行改革，将纯美术教育的魏玛美术学校改变成工艺美术学校，他的自宅包括室内外环境甚至他夫人的服装都是他亲力而为，风格趋于高度的统一。

　　另一个推动现代设计教育改革的先驱者德国人穆特修斯被德国政府派驻英国七年，考察英国住宅的风格和发展，1907 年回国后创立了德国第一个工业设计组织——德意志制造联盟。作为世界上第一个由政府支持的促进产品艺术设计的中心，联盟肯定了标准化和机器大生产的方式，提出艺术、工业、手工业必须结合以达到提高产品质量的目的。穆特修斯回国后担任德国贸易部下辖的高等艺术院校主管官员，力推改革。在他的推荐下，贝伦斯、布鲁诺·保尔、汉斯·波尔齐希等纷纷担任了杜塞多夫艺术学院、柏林艺术学院院长及波兰一家艺术学院的院长，他们的努力使德国艺术和设计教育在 20 世纪初迎来了一个全新的面貌。

　　20 世纪以来室内设计课程在欧美一些艺术设计院校中陆续开设，其中创办于 1919 年的包豪斯成为德国第一家综合性设计学院。在它之前的设计学校偏重于艺术技能的传授，而包豪斯理想就是要改变以往这种教育模式，鼓励所有造型艺术间的交流。包豪斯创始人格罗皮乌斯作为德意志制造联盟的成员，将建筑、设计、手工艺、绘画、雕刻等一切都纳入到学院的整体教学体系中。学院相继在 1927 年和 1930 年成立了建筑系和室内设计系，这些系科的建立使包豪斯成为学科齐全、思想前卫的欧洲设计院校。

　　美国的艺术院校逐步发展工艺美术课程，教授艺术、图形设计和装饰画，室内设计则到 20 世纪才正式出现。很多美国建筑师和设计师仍然以到巴黎美术学院学习为荣，学院派风格深受美国新兴资产阶级的青睐。以教育、艺术和科学著称的匡溪艺术学院[11]成立于 20 世纪 20 年代末，它与德国包豪斯相似，也注重实用艺术教育，由著名建筑师老沙里宁创办，并由他规划设计了教学大楼。匡溪十分重视"形态环境"，将城市规划、城市设计、建筑、绘画、雕刻、园林、工艺设计融于一体。匡溪学院成为美国现代设计大师的摇篮，培养出小沙里宁、查尔斯·伊姆斯（Charles Eames，1907—1978）、哈里·贝尔托亚（Harry Bertoia，1915—1978）、弗洛伦丝·诺尔·巴西特（Florence Knoll Bassett，1917—2019）等一批划时代人物，很多 20 世纪 30 年代从匡溪毕业的设计师都成为 20 世纪 50 年代和 60 年代设计界的领军人物。

　　20 世纪 20 年代人们对设计教育产生了越来越多的兴趣和关注，美国装饰艺术和产业联合会经过调查后发现现有的 18 所设计学校远未能满足社会

的教育需求，于是一些博物馆等公共文化机构开始承担起公众艺术教育的责任，如纽约大都会博物馆的工业艺术馆从 1917–1931 年举办了一系列美国工业艺术年度展览，推动了设计教育的改革和完善，使行业内外对新设计的兴趣逐渐增强。

　　室内装饰职业化建立在专业技术和服务上，它与服装设计、平面设计和汽车设计一样最终成为独立的设计行业。二战前室内装饰表现出业余性、女性和家庭性的特点，20 世纪 50 年代的室内设计根植于现代主义理想，打破了过去的知识体系，向室内装饰的霸权地位发出挑战。当战后室内装饰师以创造奢华来迎合富裕阶层的口味时，一批新概念建筑师们则在 20 世纪 50 年代和 60 年代接管了一些商业和现代空间的室内设计。如 SOM 公司在设计纽约战后最重要的办公建筑利华大楼（Lever House，1950–1952）时完成了所有内部开放式办公室设计，使公司成为室内市场上的世界操盘手。在行业组织和媒体杂志的助推下，室内装饰师的称谓在战后渐渐被室内设计师所替代，如成立于 1931 年的美国室内装饰师学会在 20 世纪 70 年代更名为室内设计师社团，[12] 1937 年创刊的《室内设计与装饰》杂志在 20 世纪 50 年代被更名为《室内设计》，而 1940 年创刊的杂志《室内装饰》也改名为《室内》。由于建筑师的大量介入，战后的室内界与建筑的现代性语言关联密切。随着职业培训学校的不断涌现，至 20 世纪 70 年代美国大多数学院都设置了室内设计课程。

注释

1　此人为纽约现代艺术博物馆（MoMA）馆长，他在文章中再现了 20 世纪 20 年代
　　美国设计教育的面貌。引自 Allen Tate, C. Ray Smith. Interior Design in the 20th Century.
　　New York: Harpercollins College Div,1986：100.

2　The American Union of Decorative Artists and Craftsmen（AUDAC）.

3　The New York School of Interior Decoration，后改为 "The New York School of Interior
　　Design"。该学校以 "成功的室内设计会带来人类福祉" 为办校宗旨，主张室内设
　　计行业在确保空间的美观、实用、健康、安全以及对社会和环境负责中扮演着重
　　要角色。

4　An Outline of Careers for Women: A Practical Guide to Achievement.

5　Society of Decorative Art, New York.

6　"Interior Decoration as a Profession for Women".

7　原书名为 The House in Good Taste,1913.

8　原书名为 Historic Wallpapers.

9　原书名为 The Practical Book of Decorative Wall Treatment.

10　原书名为 The Young Decorator.

11　匡溪艺术学院（Cranbrook Academy of Art）占地 127hm², 原为当地报业大亨乔
　　治·高夫·布兹（George Gough Booth，1864—1949）购置的避暑农场，之后 40
　　年间按照布兹夫妇的理想陆续打造出一个集男子学校、女子学校、幼儿园、会议楼、
　　艺术学院、博物馆以及教堂在内的大型教育社区。作为底特律工艺美术运动的倡
　　导者，布兹崇尚 19 世纪工艺美术运动的手工艺精神，并请来早在 1923 年移居美
　　国的芬兰建筑师埃里尔·沙里宁（Eliel Saarinen，1873—1950）来实现自己的宏伟
　　梦想。老沙里宁不负所托，出色完成了整个园区规划以及包括男子学校（1926—
　　1929）、女子学校（1930）、艺术学院（1928—1942）等一系列校园建筑设计重任，
　　并在 1932—1946 年出任匡溪设计学院校长。

12　American Society for Interior Designers（ASID）.

第 11 章

西方杰出女性设计师（1900—1950）
Outstanding Female Designers in Western Countries (1900—1950)

　　人只有在为目标努力奋斗并获得成功时才感到真正的快乐，而这快乐不是单纯的物质性，居住艺术的延伸是生活艺术——与人最深切的驱动力及周围环境相和谐。

——夏洛特·佩里昂（Charlotte Perriand）¹

　　对激情的追求无须外力，而在于自身，因为创作使人有一种最强烈的情感冲动。

——安妮·阿尔伯斯（Anni Albers）²

　　英国女王维多利亚执政期间，经济的发展使得女性的社会地位有所提升，越来越多的女性接受教育并逐渐从家庭中解放出来，在事业中展露出与男性同样的风采。在 20 世纪前 50 年里，装饰、设计和建筑界活跃着一批出色女性，在这个以男性为主导的社会中以她们过人的才华和不懈的努力赢得了世人的肯定和赞许。她们兴趣广博，艺术修养深厚，有些是中途改行进入设计界，少数则有幸接受了正统的设计或建筑教育，且大都拥有自己的设计公司或家饰品商店。这些女性的成功模式可分为独立型和合作型两种，前者通过自我奋斗打拼出一片天地，后者与著名建筑师或丈夫合作成为他们的工作伙伴和得力助手，她们在男性社会中始终坚持着自己的梦想，她们的精彩人生对于当代设计师的成长无疑具有榜样力量。

1900—1950 西方杰出女性设计师（独立型）　　　　表 11-1

序号	姓名	国籍	生卒年月	职业	备注
1	Elsie de Wolfe 埃尔茜·德·沃尔夫	美国	1865—1950	室内装饰师 织物设计师	美国第一代室内装饰师
2	Julia Morgan 朱莉娅·摩根	美国	1872—1957	建筑师	巴黎美术学院建筑系第一位女性
3	Jutta Sika, 尤塔·西卡	奥地利	1877—1964	画家、版画家 设计师	维也纳工业同盟成员
4	Eileen Gray 艾琳·格雷	爱尔兰	1878—1976	室内设计师 家具设计师 建筑师	漆艺大师和现代主义建筑师
5	Syrie Maugham 赛里·莫姆	英国	1879—1955	室内设计师	被誉为英国的"埃尔茜·德·沃尔夫"

续表

序号	姓名	国籍	生卒年月	职业	备注
6	Dorothy Draper 多罗茜·德雷珀	美国	1880—1969	室内设计师	美国首个真正的室内设计师
7	Sonia Delaunay 索尼娅·德洛内	俄裔法国	1885—1979	抽象画家 设计师	
8	Lilly Reich 莉莉·赖希	德国	1885—1947	家具设计师、室内设计师	密斯的家具设计合作者，包豪斯少数女教员之一
9	Marianne Brandt 玛丽安·布朗特	德国	1893—1983	产品设计师	包豪斯最著名的女性设计师之一
10	Margarete Schütte –Lihotzky 玛格丽特·许特－利霍茨基	奥地利	1897—2000	建筑师	维也纳建筑学院首位女性，1988 年获奥地利科学与艺术荣誉奖
11	Enid Marx 安妮德·马科思	英国	1902—1998	产品设计师	英国皇家工业设计师

续表

序号	姓名	国籍	生卒年月	职业	备注
12	Eva Zeisel 埃娃·泽伊泽尔	匈牙利	1906—2011	设计师	获国家设计终身成就奖
13	Nanna Ditzel 南娜·迪策尔	丹麦	1923—2005	家具、装饰品、首饰设计师	获丹麦终身艺术大师称号

（作者根据相关内容整理绘制，按女性设计师的出生时间先后排序）

11.1　独立型杰出女性设计师

11.1.1　埃尔茜·德·沃尔夫

埃尔茜·德·沃尔夫是美国第一代成功的室内装饰师，也是室内装饰业的创始人之一。演员出身的她 40 岁才转行进入室内设计领域，成功地将纽约自宅变身为个人艺术趣味的展示地。在沃尔夫眼里，室内设计师的职责就是全面规划空间，将家具商、木匠、设计师以及其他相关工种进行整合。沃尔夫是折中主义先锋，拥有精致优雅的生活品位，她的室内设计不拘一格，白色、浅灰色、象牙色、棕灰色及玫瑰色构成了她的装饰主调，呈现出舒适、实用且与新世纪共存的特点。

沃尔夫的首个项目是 1897 年她与朋友合租的纽约公寓的室内改造。她将整个客厅包括壁板、转角门、顶棚和地面均刷成白色，其大胆的用色受到上流社会的青睐。沃尔夫喜爱印花棉布，在 1906 年设计的纽约第一所女子俱乐部——侨民俱乐部室内时大量使用了它，印花棉布与家具配合后形成了一种清新独特的室内风景，她由此被冠以"印花棉布女士"之称。1910 年沃尔夫已是美国最能影响时尚潮流的人物之一，同期她在侨民俱乐部组织了一系列有关艺术、建筑和装饰的讲座，让越来越多的人了解到设计品位和风格的多样性及室内装饰的意义。这些讲座被写成文章于 1911 年先后发表在一些时尚杂志和《女性家庭》杂志[3]上，此后

图 11.1　埃尔茜·德·沃尔夫设计的居室淡雅明亮，印花棉布的大量使用已成为她设计的一大特色，被收录于 1913 年所著的《高品位住宅》一书

文章再结集出版了《高品位住宅》[4]一书，书中她主张采用白色平纹棉布窗帘、现代化浴室及电器照明设施等。

11.1.2　朱莉娅·摩根

朱莉娅·摩根是 20 世纪美国最重要的多产女性建筑师之一，是就读巴黎美术学院建筑系的首位女性，在她 45 年的建筑职业生涯中共设计了700 多栋建筑。摩根生于美国旧金山，曾在加州大学伯克利分校和巴黎美术学院学习，摩根是加州首位开业的女建筑师，1904 年她在旧金山组建了自己的设计公司，两年后抓住旧金山地震后大兴土木的良机承接了住宅、教堂、银行、学校、医院和商铺等诸多建筑项目。摩根偏爱当地红杉木和陶土材料，注重色彩和装饰，将加利福尼亚乡土风格与工艺美术风格巧妙地结合到一起，形成了她的折中主义思想。尽管没有明显的个人风格，但摩根的作品对细部和手工艺给予了充分的关注。

摩根第一个公建项目委托是基督教长老会教堂，后来成为以她名字命名的艺术中心。摩根的自宅由两栋相邻的维多利亚住宅改造而成，山形墙、壁柱等装饰构件的附加使其富有一种混合的意大利风。摩根最具代表性的作品还属历经 18 年建造的赫斯特城堡（Hearst Castle，1922—1939），该城堡宏伟壮观，占地约 514000m² （127 英亩），拥有 165 个带有阿拉伯摩尔风格的房间，全盛期还有动物园、网球场和两个华丽的泳池。这个项目凝聚了摩根所有的智慧和心力，主人赫斯特去世后城堡逐渐衰败，最后产权归属国家，成为国家级文物保护建筑。

11.1.3　尤塔·西卡

尤塔·西卡是一名画家、版画家和设计师，维也纳工业同盟成员，20世纪初期活跃于维也纳分离派组织中。20 世纪 20 年代维也纳工业同盟已集结了不少女性设计师，其中几位女性如特雷藤、西卡等曾就读于维也纳工艺美术学校并师从莫泽，她们设计的家具、瓷器和玻璃器皿是维也纳工业同盟最受欢迎的商业产品之一。像其他分离派成员一样，西卡在各种艺术形式中大胆探索新的设计概念，世纪之交她为维也纳一家瓷器公司设计了一批现代主义陶瓷，同时完成了维也纳学院的正式艺术教育。之后西卡绘制了大量出色的风景画，设计了诸多明信片，并试验了有关形式艺术的方法。1925 年西卡的艺术创作在巴黎和维也纳两地周期性展出，如今她的铜版画、油画和瓷器等作品被德国、奥地利、法国和美国永久收藏。

11.1.4　艾琳·格雷

爱尔兰女设计师艾琳·格雷是 20 世纪上半叶一位特立独行的开拓者，其成就和声名在那时代的室内装饰和家具设计领域中几乎无人可比。尽管夏洛特·佩里昂（Charlotte Perriand，1903—1999）和赖希是女性设计师中的佼佼者，但她们的光芒很长时间被她们的男性合作伙伴——柯布西耶和密斯所遮盖。格雷则不同，她的作品个性强烈、风格多变，具有叛逆性，从奢侈装饰品到现代主义建筑都有成功的代表作。

格雷出生于苏格兰贵族家庭，早年在伦敦学习美术，后随母亲到法国参观 1900 年巴黎世博会，她被琳琅满目的日本工艺品所吸引，1907 年移居巴黎直到去世。初到巴黎，格雷向日本工艺大师菅原诚造（Seizo Sugawara）学习传统漆艺，1913 年其作品首次在"装饰艺术家沙龙"里亮相。格雷的手工漆器大多采用黑色和棕色等暗重色调，精致典雅、华美庄重，装饰品的图案纹样多取材于神话传说，后受立体派艺术的影响改为抽象几何图案。

20 世纪 20 年代和 30 年代格雷为许多巴黎中产阶级装饰住所，用材考究奢华，如象征当时高品位的珍贵羊皮纸、斑马皮和鸵鸟蛋等，经她设计的漆艺家具和屏风布满全室。除此外，格雷还为室内设计地毯和织物，其

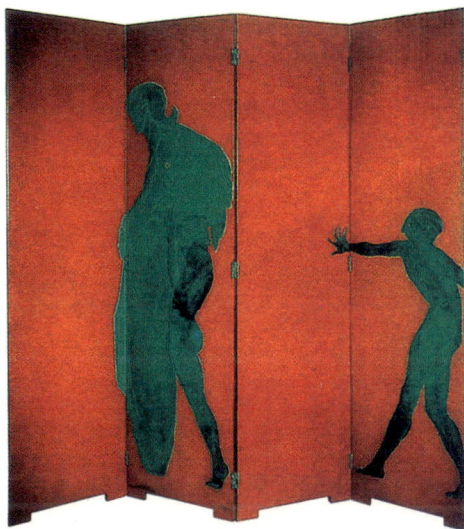

图 11.2 四折漆画屏风，正面以寓言故事为题材，而背面为抽象螺旋图案，艾琳·格雷 1914 年设计

图 11.3 客厅内景，珍贵皮草是艾琳·格雷设计的一大标志

中很多作品的灵感来自于非洲和法国太平洋殖民地的传统装饰图案和色彩。1922 年格雷在巴黎开设了自己的设计店——让·德塞展廊 (Galerie Jean Desert)，出售纯手工打造的家具和陈设品。

1923 年格雷的室内作品"蒙特卡罗卧室"参加了巴黎"装饰艺术家沙龙"展，标志着她从装饰主义转向功能主义。受柯布西耶等现代主义大师的影响，她很快进军建筑领域，设计了一些具有几何风格的现代建筑及其室内。与柯布西耶相比，格雷的风格趋于柔和，富有人情味，装饰细部也更丰富。

11.1.5 赛里·莫姆

在英国，聘请专业设计师设计住家是中产阶级显示个人地位和艺术品位的一种方式，而住宅室内设计被认为是女性发挥个人艺术才能的最佳职业。莫姆被誉为英国的"沃尔夫"，是 20 世纪英国最受欢迎的三位女性室内设计师之一。[5]

莫姆的设计风格与沃尔夫十分相似，强调传统与现代并重，时髦摆设和古典家具常常被置身于同一空间内，深受富裕阶层和文化名人的喜爱。与沃尔夫不同的是，莫姆偏爱新型装饰材料而使室内更具现代感。室内色调上莫姆十分偏爱白色和浅褐色，尽管用色单一，但质感和肌理却十分丰富。1927 年莫姆为自己住宅设计的客厅（俗称"白厅"）就是一个典范，白色调里各种材质交相辉映，营造出时尚华丽的居家氛围。

20 世纪 20 年代末到 30 年代初，莫姆的室内作品经常出现在"哈珀斯市场"(Harper's Bazaar)、"时尚"、"住宅与庭院"等一些权威设计杂志上，

图 11.4 伦敦寓所卫生间，1927 年，莫姆设计

为她带来了较高的知名度和影响力。而她惯用的镜面玻璃、竹家具、贝雕花卉、插花和水晶雕刻也因此成为该时代高雅格调的代名词。20 世纪 30 年代末随着战争临近，公众对室内的需求与兴趣逐渐减弱，1938 年莫姆关闭商店移居纽约，1944 年回到英国。

11.1.6 多罗茜·德雷珀

多罗茜·德雷珀堪称第一个成功的商业室内设计师，她所处的年代为爱德华七世执政时期，那时期男性建筑师从事于商业设计项目，而大多数女设计师则从她们的阔友们中寻找住家设计项目。德雷珀第一次打破了这种现有模式，设计范围跨越住宅和商业两大领域，包括办公楼、饭店、医院等各种公共建筑以及飞机舱的室内设计。

生于纽约富有家庭的德雷珀是第一批将建筑、室内、家具、装饰品乃至生活用品全部整合为一体的设计师之一，西维吉尼亚的绿蔷薇度假酒店项目就是其中的代表。该项目她不仅设计了酒店客房及其家具（梳妆台和书桌相结合的产物），还设计了大量瓷器、餐具、菜单等酒店配套用品。20 世纪 30 年代德雷珀倾向于当时盛行的装饰艺术风格，题材宽泛，希腊女神柱、英国和意大利的巴洛克、植物花卉等各种元素均被用来装饰空间环境，造型优雅艳丽，20 世纪 30 年代末德雷珀通过奢华的材料、超大的家具以及闪亮的枝形吊灯发展了一种被称为"好莱坞摄政期"的特殊设计风格。

尽管德雷珀的名字没有家喻户晓，甚至还遭受包括美国著名建筑师赖特在内的一些人的恶意评论，但不能否认的是她为后来的室内设计专业化提供了可行性。德雷珀的室内作品只有小部分留存至今，如纽约大都会艺术博物馆中的枝形吊灯，而她却为后人留下了大量著作，其中一些被重印以帮助建立现代社会的交际礼仪。

11.1.7 索尼娅·德洛内

索尼娅·德洛内是俄裔法国抽象画家和设计师，是一位具有时代创新精神的多产艺术家。德洛内在其漫长的职业生涯中涉猎广泛，跨越了油画、公共壁画、戏剧、服装、平面、室内设计甚至瓷砖和彩绘玻璃等多个领域。五岁时德洛内便离开父母，被寄养到叔叔圣彼得堡的家，16 岁时接受正规的艺术教育。德洛内在俄国老师的建议下于 1903–1905 年在德国卡尔斯鲁厄学习抽象艺术，毕业后到巴黎继续深造，后被这座富有激情、创意和试验性的城市深深吸引，最后定居巴黎直至去世。

德洛内和第二任丈夫共同参加了法国同步主义画派，[6] 他们用抽象语言来表达艺术，用明亮的色调和重复的图案来构图，这与毕加索和布拉克以单色为主的立体派手法有所不同。1918 年德洛内第一次为著名的芭蕾舞剧设计女装，之后走进室内设计领域，为巴黎一家出售服装、饰品和皮革的

图 11.5　电棱镜，油画，1941 年，索尼娅·德洛内绘制

服饰店进行室内设计。德洛内的几何化纹样为她带来了世界声誉，许多好莱坞女演员成为她的客户，她的公寓也因为设计的成功而转变为服装店加工作室的运作模式。

德洛内成功扮演着多重角色——妻子、母亲、社会名流、商界女强人和艺术家。作为现代艺术运动的先锋，德洛内从来没有将装饰艺术与美术分离；她关注家具设计，也为她的家创造了许多色彩对比互补的装饰用品；她对女装设计的天分促使她将各种面料边料收集后大胆组合于家人服装上；她着迷于色彩，她的画显示了色彩的力量和空间，并在一些重要的国际展览中展出，如 1925 年巴黎装饰博览会、1937 年国际现代艺术与技术博览会等。1964 年德洛内成为在卢浮宫举办回顾展的首位健在女性。

11.1.8　莉莉·赖希

莉莉·赖希是德国现代主义设计师，是 20 世纪建筑巨匠密斯的合作者，两人在 13 年中共同设计了许多广为流传的钢管家具。赖希生于柏林，最初为一名纺织品设计师和女装设计师，这一经历使她对织物与材料间的反差以及织物在家具中的应用有了特别的兴趣和理解。1908 年赖希在维也纳分离派建筑师约瑟夫·霍夫曼的设计公司里工作，1912 年加入德意志制造联盟，两年后开设了自己的设计工作室，很快在业内获得了信誉和口碑。1920 年她出任德意志制造联盟主席，成为该组织的首位女性负责人。举办联盟展览促进德国设计是她的责任，由她组织的系列展览由于战争因素而访客稀少，但它们对美国的设计界却产生了深远的意义和影响。

赖希通过联盟活动结识了密斯，并于 1926 年从法兰克福迁到柏林为密斯工作，一直到 1938 年密斯离开美国。他们一起策划联盟展览，也共同为一些大型建筑项目设计家具，如 1929 年的"巴塞罗那椅"及图根德哈特住宅（Villa Tugendhat，1930）中的"布尔诺椅"等。1930 年密斯出任包豪

斯最后一位校长，赖希也被邀请作为女性教员教授家具设计和室内设计。1943 年赖希的工作室不幸被炸，她被迫进入劳动组织，二战后她的最大愿望是复兴德意志制造联盟，但在有生之年却未能如愿。

11.1.9　玛丽安·布朗特

　　玛丽安·布朗特是包豪斯学校中最著名的女性设计师之一。在包豪斯，金工车间被认为是男性主导的所有车间中最多产的一个，而布朗特正是在金工车间中通过枯燥反复的制作流程创造了本世纪最美观耐用的金属制品。早在 1911 年布朗特就在魏玛接受了短期的绘画和雕塑培训，1917 年成立了自己的工作室。1923 年布朗特进入包豪斯学习，并在金工车间辅助形式大师纳吉的教学工作。受构成主义的启发，布朗特同年设计的黄铜茶具为纯几何造型——球形、半球形和圆筒形，顶部和手柄为乌木材料，创新实用，之后几年又设计了诸如碗、烟灰缸等家用金属器皿。自 1927 年布朗特开始关注市场，转向照明设计，并试图解决大规模生产问题。这些实用经济而有现代感的产品融合了铬、铝和玻璃等材质，被两家包豪斯学院授权的公司生产，其中最著名的要数"康登"（Kandem，1928）台灯，可弯曲的颈项、单色以及稳健的基座赋予了此灯强烈的功能性特点，成为现代灯具的经典之作。

　　布朗特离开包豪斯后在金属加工厂工作了三年，之后到德雷斯顿美术学院（1949—1951）和柏林应用艺术学校（1951—1954）从事教学工作。

图11.6

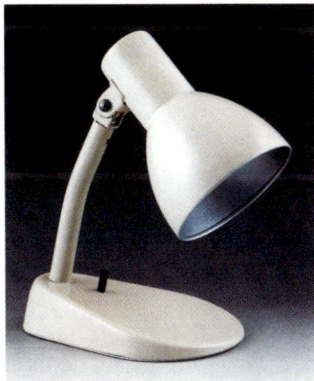

图11.7

图 11.6　铜质茶壶，1924年，手柄处铜材与乌木结合，玛丽安·布朗特设计

图 11.7　"康登"床边灯，1928年，钢质底座，象牙色外壳，玛丽安·布朗特设计

11.1.10　玛格丽特·许特－利霍茨基

　　玛格丽特·许特－利霍茨基是二战前欧洲最重要的女性社会建筑师，她关注工人阶层和低收入阶层，为他们设计住宅。1926 年由她设计的法兰克福工人住宅厨房打破了厨房的传统模式，功能合理、造价低廉，大大缩短了职业女性的烹调时间。次年该整体式厨房批量生产了 10000 个，并被安装到工人住宅中，使该紧凑型厨房在二战后迅速流行起来。

利霍茨基是维也纳建筑学院的首位女性，毕业后从事工人住宅设计，先后与著名建筑师阿道夫·路斯 (Adolf Loos，1870–1933)、彼得·贝伦斯、约瑟夫·霍夫曼合作过。1920 年她积极投入到维也纳住宅运动中，并与现代建筑的先锋者路斯有了接触，他们的合作对于她日后在住宅、幼儿园、儿童家具及装配式家具设计上产生了重要影响。1922 年她与路斯共同负责首个为维也纳战争伤残人士建设公共住宅计划，他们的亲密友谊一直保持到 1933 年路斯去世。1980 年利霍茨基获得维也纳建筑奖而被人们重新认识，1988 年她又荣获奥地利科学与艺术荣誉奖，维也纳应用艺术美术馆于 1993 年举办了她的生平成就展，使她成为第一个也是唯一一在主流论坛上被庆祝的人。

11.1.11　安妮德·马科思

安妮德·马科思是 20 世纪英国设计界最引人注目的设计大师之一，设计范围广泛，涵盖了纺织品、书籍装帧设计、地毯、邮票设计和塑料用品设计。这些易为我们忽略的物品真实反映了我们身边的生活环境，也潜移默化地影响着我们的生活方式。安妮德的设计融合了英国传统艺术和早期现代主义风格，充分利用了传统手工艺和现代工业生产各自的特点和优势。

安妮德于 1922–1925 年在伦敦皇家艺术学院学习版画艺术，毕业后从事手工印染织物设计，并进入纺织品设计师菲莉丝·巴伦 (Phyllis Barron，1890–1964) 和多罗茜·拉切尔 (Dorothy Larcher，1882–1952) 的伦敦工作坊当学徒。该时期安妮德主要设计了一些自然风格的装饰图案，1927 年她开办了自己的工厂，在以后的 12 年里为众多客户完成了大量纺织品设计。

图 11.8　伦敦地铁车厢内的织物，安妮德·马科思设计

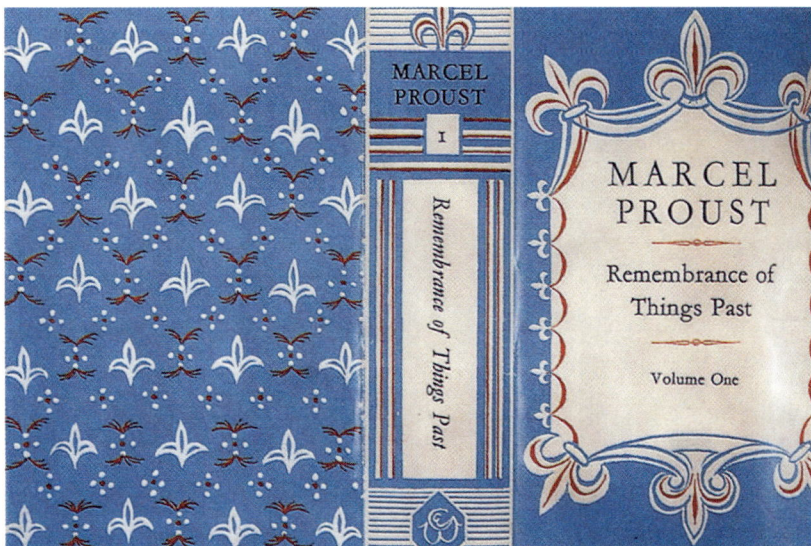

图 11.9　书籍装帧，1930年，安妮德·马科思设计

安妮德热衷于批量化产品设计，为机织纺织品设计图案。1937 年她为伦敦交通运输公司的公共汽车和火车座位上的厚毛布料设计图案。质地粗糙的面料、粗犷的几何装饰纹样以及对比强烈的色彩使安妮德的设计产品经久耐用且具有强烈的视觉吸引力。1944—1947 年安妮德参与了英国实用产品计划，[7]有限的材料和战时特殊的生活方式使她更注重实用性。那时期她设计的纺织品大都为简洁扼要的图案装饰，其纹样在不同产品中被反复使用。1945 年安妮德被授予英国设计师的最高荣誉——英国皇家工业设计师之衔。

11.1.12　埃娃·泽伊泽尔

埃娃·泽伊泽尔是 20 世纪匈牙利杰出的设计大师，她的创作生涯跨越了漫长的 80 年，100 多岁高龄的她至今依然保持着罕有的创作热情。埃娃出生于布达佩斯一个富有的知识分子家庭，曾在皇家美术学院学习绘画和陶艺，18 岁成为首位学成的女性制陶工，22 岁为一家拥有 350 名工人的制陶厂设计餐具，30 岁离家，辗转于柏林、乌克兰和俄罗斯等地担任玻璃和陶器厂艺术总监，1938 年结束长期漂泊的生活定居纽约。

埃娃为美国中产阶级家庭带来了颠覆传统的陶艺餐具，引导艺术走进人们的日常生活，由于早年"颠沛流离"的生活经历，埃娃与同时代的设计师相比具有更宽广深邃的艺术视野，其陶瓷作品具有强烈的视觉张力和感染力。埃娃深谙日用品与人的亲密性，推敲产品外形时常以使用者的手势为依据，她的作品令人联想到飞鸟、树叶、怀孕的母体与削皮水果等，具有表现主义色彩，充满了游戏的成分。埃娃的作品不仅具有艺术美感，更具有良好的触感和功能性，且低廉的价格和创新工艺使更多的普通人受益。1947 年埃娃作为首位女性在纽约现代艺术馆举办作品展，2005 年荣获国家设计终身成就奖。

11.1.13　南娜·迪策尔

南娜·迪策尔是当代最具影响力、最多产也最具爆发力的设计师之一，在丹麦设计史上占有极为重要的地位，设计范围包括家具、装饰品和首饰设计。迪策尔一生致力于设计创作，早在 20 岁就进入一家设计公司工作，次年发表处女作，开始在哥本哈根工艺协会年度展览上崭露头角。1954 年迪策尔与乔治·延森（Georg Jensen，1866—1935）所创立的银制品连锁企业共同合作创作出多个惊世作品，1981 年她被推选为伦敦设计工业协会主席，1998 年获丹麦艺术协会颁发的终身艺术大师称号。

迪策尔的设计简洁有力，充满现代感，其中光线与波浪是她最擅长的设计概念之一。在珠宝设计界浸淫 60 年的迪策尔从海洋的波动中汲取灵感，透过杰森公司的银雕艺术将有机造型的柔和性最大程度地体现出来。她的代表作蝴蝶椅是以蝴蝶采蜜姿态为蓝本，通过艳丽的色彩和不规则的椅背造型来突出椅子的瑰丽动人，是设计师对全新材质与多元生活方式的最佳诠释。

11.2　合作型杰出女性设计师

11.2.1　艾诺·阿尔托

艾诺·阿尔托是芬兰知名的女设计师，阿尔瓦·阿尔托（Alvar Aalto，1898—1976）的第一任妻子。艾诺出生于赫尔辛基，原是建筑师，1924 年进入知名建筑师阿尔瓦·阿尔托的建筑事务所工作，与阿尔托相识相恋而结婚。艾诺擅长玻璃品设计，其造型简洁实用、功能性强。早在 1932 年艾诺的一款波纹玻璃杯在芬兰著名玻璃器皿制造商伊塔拉公司（littala）主办的玻璃杯设计比赛中荣获第二名[8]，两年后这款产品批量生产投放市场，此后艾诺将此波纹概念进一步拓展到花瓶、水壶、玻璃盘等其他产品，最终"波纹玻璃系列"在 1936 年"意大利米兰三年展"上获得意大利设计展金奖。波纹系列产品从水波涟漪中得到灵感，等高退级状纹样使整个容器充满了律动感，此外涟漪纹样巧妙增加杯口厚度以避免热饮烫手，加上刻度计显示功能，该系列成为现代北欧设计的经典而经久不衰。

11.2.2　安妮·阿尔伯斯

安妮和丈夫约瑟夫·阿尔伯斯是一对 20 世纪现代主义艺术先锋，阿尔伯斯是一位有影响力的教师、作家、画家和色彩师，而安妮是 20 世纪最有影响力的织物设计师之一，织物成为她艺术表达的一种特殊方式。1922 年他们在德国魏玛包豪斯相识，1925 年在柏林完婚。

安妮的童年在柏林度过，她对视觉艺术非常着迷，在家人鼓励下学习绘画和制图，1922 年进入包豪斯学院学习。对于富裕家境中成长的安妮，

1900—1950 年欧美杰出女性设计师（合作型）　　　　表 11-2

序号	姓名	国籍	生卒年月	职业	备注
1	Aino Marsio-Aalto 艾诺·阿尔托	芬兰	1894—1949	产品设计师	丈夫为著名建筑师阿尔瓦·阿尔托
2	Anni Albers 安妮·阿尔伯斯	德裔美籍	1899—1994	纺织品设计师、作家、版画家	包豪斯学院毕业，获多项大奖和五个荣誉博士学位，丈夫约瑟夫·阿尔伯斯（Josef Albers）为包豪斯学生和教员
3	Charlotte Perriand 夏洛特·佩里昂	法国	1903—1999	家具设计师	柯布西耶的家具设计伙伴
4	Ray Eames 雷·伊姆斯	美国	1912—1988	室内设计师、家具设计师	丈夫为著名家具设计师查尔斯·伊姆斯
5	Lucienne Day 卢西恩妮·戴	英国	1917—2010	纺织品设计师	丈夫为家具设计师罗宾·戴（Robin Day，1923—2000）
6	Florence Knoll Bassett 弗洛伦丝·诺尔·巴西特	美国	1917—2019	建筑师、室内设计师、家具设计师	获国家艺术杰出成就奖。丈夫为美国诺尔家具公司创始人汉斯·诺尔（Hans Knoll，1914—1955）

（作者根据相关内容整理绘制，按女性设计师的出生时间先后排序）

选择一个生活艰苦且充满挑战的新艺术院校需要付出极大的勇气，她进入学院唯一对女性开放的编织车间实习，很快找到了自己的位置。她尝试用丝、棉和亚麻等原材料来编织，色彩变化丰富。

包豪斯学院迁至德骚校舍后，阿尔伯斯夫妇与费宁格、克利、康定斯基等艺术大师为邻，包豪斯关闭后移民美国。在美国，丈夫约瑟夫受邀在北克罗莱纳州新建的黑山学院开设视觉艺术课程，同时在版画技术领域继续探索，最终成为一名抽象派画家；而安妮仍在编织方面继续创作和教学，并撰写视觉艺术方面的相关文章。在美国和墨西哥旅行后，安妮开始探索版画制作的新媒介，研发出一组用于大空间的复杂平版印刷技术。20世纪60年代安妮陆续获得众多奖项，如美国建筑师学会技术奖、美国工艺协会金奖以及包括伦敦皇家艺术学院在内的五个荣誉博士学位。

11.2.3　夏洛特·佩里昂

夏洛特·佩里昂是20世纪最具创新精神的家具设计和室内设计师之一，尽管她的工作已被家具历史学家和研究柯布西耶的专业人士所熟悉，但是其先锋角色直到最近才被广泛接受。她的职业生涯折射出一部法国现代设计史，包括装饰艺术派、机械时代的现代主义、1930—1940年的田园主义、1950—1960年的钢木家具系列以及20世纪70年代的预制浴室和厨房单元。

1927年佩里昂在巴黎沙龙中展示了由铝铬合金制成的功能型酒吧样板，受到柯布西耶的赏识，同年进入他的建筑师事务所，成为他的得力助手，与柯布西耶表弟皮埃尔·让纳雷（Pierre Jeanneret，1896—1967）一起为其建筑项目设计室内和家具，其中最著名的当属"LC"家具系列。1937年佩里昂受日本工商业部邀请出任工业艺术顾问，在日本她运用当地材质创作了一些欧风家具，1938年后她常与让·普鲁维（Jean Prouve，1901—1984）合作开发一系列模数化的储物单元和低造价家具，战后她重新协助柯布西耶为马赛公寓设计第一代厨房原型，并于1950年在沙龙中展出。

图 11.10　住宅客厅，1929年，柯布西耶、让纳雷、佩里昂设计

图 11.11　竹木躺椅，佩里昂 1941 年在日本时设计

图11.10

图11.11

11.2.4　雷·伊姆斯

雷和丈夫查尔斯·伊姆斯是20世纪最有影响力的家具设计师组合，是美国20世纪50年代超越欧洲成为创新设计主力的主要功臣。夫妇俩在木材、塑料和金属等材料方面取得了突破性的技术成果，加上开放式起居空间理念，为战后现代家具和室内设计指明了一个新的方向。

　　雷出生于一个有创造活力的和睦家庭，受父母的鼓励从小热爱艺术、电影和舞蹈。雷曾学习绘画，1936 年成为美国抽象艺术家团体的创始成员，1940 年与丈夫伊姆斯在匡溪学院相识相恋而结婚。雷是一个才华横溢、自信坚强的女性，是丈夫默契和谐的事业伙伴，他们常自己动手做试验，崇尚休闲轻松的工作环境和生活方式。雷在洛杉矶为加利福尼亚杂志《艺术与建筑》设计封面，伊姆斯则为米高梅电影厂工作。与伊姆斯相比，雷凭着女性的细腻注重设计的人情味和装饰细部。

　　建于 1949 年的伊姆斯住宅位于加州太平洋海边，由他们合力亲自打造，是《艺术与建筑》杂志发起并赞助的示范住宅项目之一，其目的是倡导廉价工业材料现场快速装配以解决美国二战后的住房危机。该住宅率先尝试了预制板系统，其几何外形轻快简洁、多功能加上鲜亮的色彩被设计史家称为洛杉矶草场上的"蒙德里安抽象画"。住宅室内由雷精心布置，除了大量植物外，墨西哥、非洲和其他地方的装饰品点缀其间，构成了一幅与外表截然不同、充满生机的空间场景。

图 11.12　伊姆斯住宅内景，1949 年，雷·伊姆斯设计

图 11.13　胡桃木凳子，20 世纪 40 年代后期，雷·伊姆斯设计

11.2.5　卢西恩妮·戴

卢西恩妮·戴与罗宾·戴是 20 世纪 50 年代英国杰出的设计师夫妇，罗宾主攻家具设计，而卢西恩妮则是一名纺织品设计师。他们都毕业于伦敦皇家艺术学院，共同设计了许多具有国际声誉的家具与纺织品，年轻乐观的态度使他们成为战后英国新一代设计师的代表。与伊姆斯夫妇相似，他们共同装饰的住家引导了一种全新的生活方式，也巩固了他们在设计界的地位和影响力。

卢西恩妮的纺织品主题大都源自于生活中的简单造型，受当时西班牙画家米罗等抽象艺术派的影响，所有图案都风格化并配以与众不同的色彩，有一种强烈的现代主义风格。1948 年卢西恩妮首次为一家公司成功设计了两款印花棉布，她最为知名的作品是为英国节日博览会设计的"花萼"（Calyx），这不仅使她获得美国装饰学会颁发的设计一等奖，也在当年的米兰三年展上取得金奖，之后她又在 1954 年米兰三年展上获得最高荣誉大奖。继"花萼"成功后，卢西恩妮和海尔斯公司通力合作，设计了许多富有创意、格调清新的作品，如"小舰队"（Flotilla）、"午后时光"（Small Hour）、"阶层"（Strata）等，其中"小舰队"是以潜水艇为母体加以重复组成的图案，在 1952 年伦敦理想住家展览会上展出，受到大众欢迎。

20 世纪 50 年代和 60 年代卢西恩妮的设计领域延伸到壁纸、陶瓷和地毯，为许多规模化生产的公司设计了以抽象图案为特征的家用产品，20 世纪 70 年代她转而设计一种经过复杂配饰的装饰布帘，被瑞典、美国、加拿大、英国等国家博物馆收藏陈列。

11.2.6　弗洛伦丝·诺尔·巴西特

弗洛伦丝·诺尔·巴西特是一位杰出的女性建筑师、室内设计和家具设计师，对室内设计界的影响长达 50 年之久。弗洛伦丝出生于美国密歇根州，12 岁成为孤儿，后被老沙里宁收养。弗洛伦斯求学于匡溪艺术学院、伦敦 AA 学院和伊利诺伊工程技术大学，曾是密斯的学生，毕业后在格罗皮乌斯和布劳耶位于波士顿的建筑师事务所工作。1946 年她和汉斯·诺尔结婚并共同创办了美国著名的诺尔家具公司。作为经验丰富的建筑师和设计师，弗洛伦丝协助丈夫将公司发展成为 20 世纪后半叶影响最大的美国家具公司之一。

1945 年弗洛伦丝建立了诺尔公司设计组，通过对公司大楼的室内设计和企业形象管理来达成她所坚持的"设计是企业之本"的信念。1947 年弗洛伦丝负责独立的纺织品部，还兼任了家具设计部主管，众多家具展示厅均由她设计和布展。在丈夫车祸死后弗洛伦丝接管公司总裁一职，十年后退任。

"总体设计"是弗洛伦丝的著名论断，这一理念一直延续至今。她设计的诸多家具展示厅颠覆了 20 世纪 50 年代室内环境的常规形象，将建筑、室内、平面、织物和产品整合为一个整体，2002 年弗洛伦丝获得国家艺术杰出成就奖。

图 11.14　办 公 室 一 景，1950 年，弗洛伦丝·诺尔设计

　　以上这群女性都是室内装饰界、建筑界和设计界的佼佼者，她们大都比较长寿且热爱自己的事业，有些甚至工作到 90 多岁高龄仍不退休。她们将创作与生活紧密相连，以一种快乐和享受的态度来对待工作，当面对困难和挫折时她们不轻言放弃，这份对梦想的执着和坚持馈赠给后人一份宝贵的精神财富，为当今的设计师特别是职业女性作出了积极的表率作用。

注释

1　Edited by Mary Mcleod. Charlotte Perriand：An Art of living.New York：Harry N.Abrams, Inc. Publishers, in association with The Architectural League of New York，2003：10.

2　摘自阿尔伯斯基金会网站首页 www.albersfoundation.org。

3　原书名 Ladies´ Home Journal。

4　原书名 The House in Good Taste，1913 年出版。

5　三位英国女性室内设计师为：赛里·莫姆、西比尔·科尔法克斯、南希·兰卡斯特（Nancy Lancaster）。科尔法克斯女士以偏好文学和政治著称，是一位具有影响力的设计师，她和约翰·福勒（John Fowler）一起创建了 Colefax & Fowler 公司，为名人和富人提供设计服务。

6　属于立体派和未来派的一个分支形式，第一次世界大战前流行于法国，1911 年与立体派合流。

7　该计划由英国贸易部发起组织，旨在研究如何在战时困难时期设计生产低成本、高质量的家具和纺织品。

8　芬兰在 1919—1932 年间实施酒禁，酒禁消除后市面上玻璃杯奇缺，在这种情况下玻璃器皿制造商伊塔拉公司在全国策划举办了一场玻璃杯设计比赛，得奖作品采用该厂专利的水晶玻璃制造，十分环保，其硬度及透光度和一般含铅水晶玻璃一样甚至更佳。

第12章
Chapter 12

从世纪之交到二战后的现代家具设计

Modern Furniture Design from the Turn of the Century to the Postwar Era

一个舒适的姿势，即使堪称世界上最舒适的姿势，也不会持续太久，人们总有更换坐姿的需要，这个因素在坐椅的设计中从未得到应有的重视，同样遭到忽视的还有一个事实，那就是争取人身重量在与坐椅的最大接触面积的均衡分布也是很重要的。

——小沙里宁 (Eero Saarinen)[1]

当你设计桌椅时，你要想到什么样的机器会制造它们。

——查尔斯·伊姆斯[2]

　　现代主义思想在 20 世纪得到了全面的发展和壮大，从工艺美术运动、新艺术运动到现代主义运动，社会对机器大生产的态度在经历一段艰难的历程后由排斥转向颂扬，一些富有创新和批判意义的国际性展览会对新观念和新技术的传播起到了巨大的推动作用。工业化的进程使许多工匠、艺术家、建筑师和设计师摆脱了传统的束缚，纷纷关注起设计的功能性和普及性，探索标准化设计，他们中涌现出一批对日后设计界影响重大的家具设计师，他们的大胆突破和创新为后人留下了许多经典佳作。

12.1　世纪之交的家具设计先驱

　　19 世纪晚期生活美学从人们的日常物品中显露出来，一些具有前卫思想的家具设计师们在满足消费者的使用需求外还扮演起文化传道士的角色。英国工艺美术运动杰出的建筑师沃伊齐以英国乡村住宅设计闻名，他所设计的室内以白墙和原木色为主色调，家具采用未上漆橡木，朴实无华，完全由工匠们手工制作，具有现代主义特征；另一位在世纪之交最为成功的英国建筑师和设计师麦金托什是一个出色的多面手，在他为室内量身定做的家具、灯具、地毯、织物等用品中，尤以家具最为突出，纵横直线的简练造型充满着神秘的象征意味，在他设计的系列高背椅中以 1902 年的梯式靠背椅最为经典。

　　维也纳分离派主将霍夫曼、莫泽等是 20 世纪初期最有前途的建筑师和产品设计师，雅各布和约瑟夫·康（Jacob & Josef Kohn）公司聘请他们以新

图 12.1　沃伊齐设计的橡木高背椅带有明显的新哥特风

图 12.2　高背椅，1902 年，麦金托什设计，在都灵国际艺术展中展出

图12.1

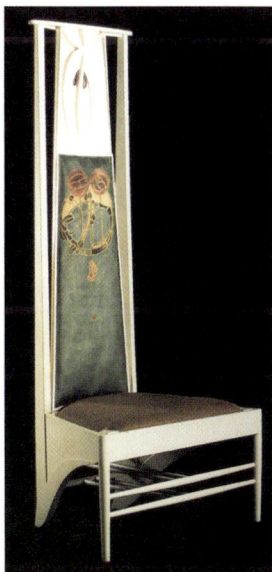

图12.2

图 12.3　躺椅，1905 年，约瑟夫·霍夫曼设计，由清漆胶合板与半圆弧榉木扶手框架组成，具有严谨的几何语言，黄铜小球为倾斜靠背的固定装置

图 12.4　费尔德设计的两款家具，绅士书桌，1903 年，扶手椅，1899 年，流畅的弧线具有结构和装饰双重作用

的工业化标准设计生产曲木家具，其中霍夫曼 1905 年设计的倾斜靠背椅最为成功。[3] 受莫里斯的影响，霍夫曼的家具承载着更多的功能美学和社会责任，他的几何家具成为后来风格派大师里特维尔德的设计先导。

比利时新艺术运动领袖霍塔同英国的麦金托什、西班牙的高迪一样倡导整体设计，其中家具更具代表性。霍塔冲破了当时的新古典主义风气，以自然界的有机物质为创作源泉发展出自己的设计风格，作品中的曲线兼有功能性与装饰性，形成了有别于正统古典主义的另一种功能主义形式，在整个欧洲具有影响力。同霍塔一样，比利时人凡·德·费尔德是一位多才多艺的设计大师和教育家，在家具领域留下了不少佳作，他的家具大都创作于世纪之交，主张抛弃多余装饰，造型流畅简约，为后面的设计师们提供了范本。

图12.5

图12.6

图 12.5　低靠背椅，里默施密德为 1899 年德雷斯顿艺术展设计，橡木框架，坐垫为皮革，低矮靠背方便了音乐家在演奏时随时转身，该椅被公认为最有意义的德国青年风格派椅子

图 12.6　办公转椅，赖特 1904 年为纽约州布法罗拉金公司设计，由喷漆钢架和橡木坐板、扶手、靠背组成，脚轮上的钢架可以旋转，靠背上有排成阵列的方形孔洞，此椅为早期办公转椅的雏形

　　德国新艺术运动的代表人物里夏德·里默施密德（Richard Riemerschmid，1868—1957）在德国现代家具的设计与教育方面享有盛誉，其家具和室内作品曾参展多个行业重要国际展览会，如 1900 年的巴黎国际博览会、1904 年的美国圣路易斯博览会等。里默施密德曾在家乡慕尼黑学习艺术，为慕尼黑分离派成员，担任过多所艺术院校院长，[4] 他的第一件工业家具参展德累斯顿举办的德意志制造联盟年展，由此奠定了其德国现代家具设计的领军地位。受英国工艺美术运动的影响，里默施密德的家具将民间传统材料、形式与现代功能巧妙结合，呈现出一种反奢华的质朴之风。他成功研发了批量化机制家具，与手工家具相比，其高质量、高品位与低造价的优势显现无疑。

　　美国建筑大师赖特将建筑视为自然环境的有机延伸，而所有室内、家具、灯具甚至音响设备则被看作建筑的有机组成部分。与莫里斯观点不同的是，赖特确信机器对于家具制造的必要性，草原时期他设计的家具以直线和几何形为主，美国风时期的家具则显得轻巧舒适，富有戏剧化效果。

12.2　20 世纪家具材料和工艺革新

　　20 世纪 20 年代和 30 年代是现代家具设计快速发展时期，在家具制造工艺上，弯曲木加工技术、钢管技术及日后相当普及的胶合板加工技术等都取得了重大突破。这些新技术和新材料的应用大大减少了家具部件的数量，使家具呈现重量轻、强度高、体积小的特点，设计师们也因此有了更多的创作空间。

12.2.1　木作：从弯曲木到胶合板

弯曲木家具的历史要追溯到 19 世纪早期，19 世纪 30 年代奥地利人米歇尔·托内特（Michael Thonet, 1796—1871）发明了层压板高温热压弯曲技术，成为弯曲木技术的先驱者。1836 年他以弯曲木技术制成第一张椅子后，逐渐在椅子背板、沙发扶手及床头板等诸多家具部件上采用了该项技术。托内特以此为基础，进一步建立了完整的弯曲木家具生产系统，并于 1856 年获得此项技术专利，将其投入生产，大大降低了制造成本。托内特公司的家具舒展优雅、做工精良，深受大众和专业人士的喜爱。

霍夫曼、路斯、瓦格纳等一些维也纳前卫设计师纷纷在世纪之交采用托内特弯曲木技术进行家具设计，柯布西耶也在其著名的"新精神宫"中放置了托内特公司的椅子。20 世纪 30 年代，弯曲木技术得到了进一步推广，芬兰建筑大师阿尔托为帕米奥疗养院设计的"帕米奥椅"堪称典范。该椅由整张弯曲胶合板制成，少了一般椅子的织物、弹簧、坐垫等配件，凝练温和，为北欧现代家具的兴起铺平了道路，此后他对木材弯曲技术继续改进，从二维扩展到三维纵向弯曲，并于 1933 年获得此项专利。

丹麦家具设计大师汉斯·韦格纳（Hans Wegner, 1914—2007）力求在传统家具木材及工艺中融入现代元素。木匠出身的他曾在哥本哈根建筑学院与工艺美术学院学习深造，1940 年他与约翰内斯·汉森（Johannes Hansen, 1903—1999）[5] 合作，在战后十年里设计出一系列椅子，为丹麦赢得了国际声誉。其中 1947 年的"孔雀椅"是一把造型生动又带有本土木棍式靠背风格的温莎椅，在斯堪的纳维亚国家广为流行，而"中国椅"系列作为韦格纳的代表作体现了丹麦本土和中国明式家具风格的巧妙融合。

图 12.7 "第 14 号椅"是奠定托内特公司国际声望的一款弯曲木家具，也是工业化生产史上最成功的产品之一。该椅材质最少化，适合批量化生产，与当时盛行的彼得迈耶风格相背离。该椅部件可被拆解便于装箱运输，由于质优价廉，至 20 世纪 30 年代末已销售 5000 万个

图 12.8 "孔雀"温莎椅，1947 年，韦格纳设计，由岑树构架和柚木扶手制成，坐垫用纸绳编织而成，它的名字来源于风扇式木棍靠背，看起来像孔雀尾巴上的羽毛

图12.7

图12.8

图12.9

图12.10

图12.9 儿童椅，1945 年，伊姆斯夫妇设计，座位和椅腿是由一整片桦木胶合板制成，靠背则后粘贴上去。这款椅子造型简化，巧妙的弯度和叉开的椅腿保证了强度，同时也消除了单层板难以解决的膨胀和压缩问题

图12.10 "红蓝椅"，里特维尔德 1918 年设计，点线面的抽象构成加上三原色和黑白色，成为荷兰风格派的设计典范

　　二战期间航空工业技术的相关试验使胶合板技术有了突破，新的合成树脂材料被用来胶合生成一种质地坚硬的新材料——层积板，这种材料易加工，且原材料消耗少，具有舒适廉价的优点。美国家具和室内设计大师伊姆斯夫妇为后人留下了许多出色的胶合板家具，其中一些至今仍在限量生产。20 世纪 40 年代早期，伊姆斯夫妇为美国海军负责一个试验项目，开发高温高压下的胶合板用以生产担架和滑翔架，二战后他们将这一技术投入到低成本但高质量的座椅生产上以应对二战后物资匮乏的局面。伊姆斯夫妇设计的胶合板椅结实耐用，坚挺的材料展现出柔和动人的造型，同时椅身因消除了连接座面和靠背的多余木料而减轻了重量，便于移动，为现代化的家具设计奠定了基础。20 世纪 50 年代和 60 年代夫妇俩创作出大量新的作品包括伊姆斯躺椅及航空港排椅等。

　　荷兰风格派大师里特维尔德的家具设计影响了许多年青设计师，受过正规设计教育且当过学徒的他早期受到贝尔拉赫、麦金托什、戈德温及赖特等多人的影响，他的家具具有色彩鲜亮和点线面构成的特点，"红蓝椅"作为他标志性家具由刷成红、蓝、黄、黑四种漆色的几何形木板和细木条装配而成，充分展现出它独特的构成魅力，1927 年里特维尔德首次尝试用弯曲木和胶合板设计家具。

　　20 世纪 50 年代和 60 年代成型玻璃纤维和其他塑料制品等新型材料纷纷问世，渐渐取代了成型胶合板的市场份额。

12.2.2　金属：从铸铁到钢管

　　如果说铸铁在 18 世纪仅限于住宅的炉灶、烤箱及壁炉等设施的话，19 世纪则成为建筑和室内装饰的宠儿。铸铁的易加工性在 19 世纪早期就已显现，被广泛运用于建筑装饰中，花园家具、伞架、花盆托、小装饰品乃至卫生间的洗脸架、冲水箱及散热器等无不都是大批量制造出来的铁制品，它们以各种方式再现自然主义、哥特式、文艺复兴及新古典风格等装饰主题，成为维多利亚晚期建筑与室内的一大特征。然而铸铁具有笨重、易生锈的特点，随着 19 世纪晚期钢的出现，一些现代设计师们开始尝试用钢或铝来代替铸铁进行批量化生产，使家具更为轻便实用，富有现代气息。

20 世纪的钢管家具开创了一个新的家具时代。1926–1930 年多位现代主义建筑师和设计师用钢管材料制作家具，他们将钢管、镀镍、镀铬与黑色皮革或织物结合在一起，构成了 20 年代末现代主义风格的标志性语言。荷兰建筑师马尔特·斯塔姆（Mart Stam，1899–1986）是第一个研制出悬臂钢管椅的设计师，他的钢管椅利用材料自身的可弯性消除了许多连接上的部件，其设计草图曾在 1927 年斯图加特魏森霍夫住宅示范区项目的建筑师会议上亮相，这给德国的密斯和布劳耶很大启发，不久他们在此基础上设计出各自的钢管椅作品。

堪称〝钢管椅之父〞的布劳耶是一个真正的功能主义和现代设计先驱，在包豪斯就读期间，布劳耶接触了表现主义、风格派、结构主义等各种前卫艺术观念，在家具设计领域中展露出过人的才华。受里特维尔德的影响，他早期以胶合板为主料，通过几何形式、水平与垂直平面等形式来表达结构，1925 年布劳耶放弃了木质结构转向钢管家具。受脚踏车手把的启发，同年他设计的俱乐部扶手椅用无缝钢管焊接而成，这把椅子成为他的钢管椅处女作。至 20 世纪 20 年代末，布劳耶设计了床、书桌、餐桌和凳子等大量家具，其中包括他和格罗皮乌斯一起为德骚新建校舍的餐厅、礼堂和教师住宅设计的钢管家具。

密斯在 20 世纪 20 年代晚期设计了一系列家具，并在 1938 年移居美国后转向现代建筑设计。石匠出身的他在柏林学习建筑，被 19 世纪德国最著名的建筑师申克尔的新古典主义风格深深吸引。密斯将家具比作微缩建筑，他和女助手莱希设计的钢管椅冷峻高贵，抛光管钢配合黑色皮革创建出一

图 12.11 B64 椅，1928 年，布劳耶设计，为整根铬合金长圆管弯曲而成，柳条靠背及坐垫，褐色硬木扶手。布劳耶借鉴了荷兰建筑师斯塔姆的成果，加入了木扶手和柳条编织网面，大大增强了椅子的舒适性，使之成为世界上最著名的椅子之一

图 12.12 B3 椅（又称为〝瓦西里椅〞），1925 年，布劳耶设计，1927 年投入生产，由弯曲的镀镍管钢构架和帆布、皮革等组成，专门为德国包豪斯教授康定斯基住所设计

图12.11

图12.12

个理性完美的现代家具范式。1926 年密斯出任德意志制造联盟副主席，次年全面负责斯图加特魏森霍夫住宅示范区的建设。他在住宅展上推出的钢管椅以斯塔姆悬臂椅为原型，用冷弯工艺制成半圆形弓形椅腿，椅背和坐垫为黑色皮革。1929 年巴塞罗那世博会德国馆堪称密斯的建筑经典，其中"巴塞罗那椅"是密斯和莱希为此馆特别设计的镀铬钢管椅，椅腿受埃及法老椅的启发呈剪刀交叉状，而靠背及坐垫则用极具现代感的白色皮革包覆，在大理石墙、玻璃和镀铬钢柱围合的空间中给人一种隐喻式的历史联想。

　　与洗练的包豪斯风格相比，法国钢管家具受装饰艺术的影响呈现出一股奢华之风，华美的外观和多种材质的组合契合了巴黎社会对现代生活品质的需求。女设计师佩里昂于 1927 年加入柯布西耶与表哥皮埃尔·让纳雷合开的设计工作室，三人共同开发设计了桌子与各式转椅、扶手椅、躺椅等诸多家具，而其中躺椅被崇尚机器美学的柯布西耶称为"放松的机器"，

图12.13

图12.14

图 12.13　MR20 号椅，1927 年，密斯设计，在斯图加特魏森霍夫住宅示范展上第一次亮相，是所有悬挑式钢管椅中最大胆雅致的一款，有带扶手和不带扶手两种

图 12.14　MR90 椅（又称为"巴塞罗那椅"），密斯为 1929 年巴塞罗那世博会德国馆设计，剪刀式框架由曲线钢管焊接而成，坐垫和靠背为皮革软包，左右侧钢制横向连杆直径相同，模拟木结构建筑中的方角等分工艺连接

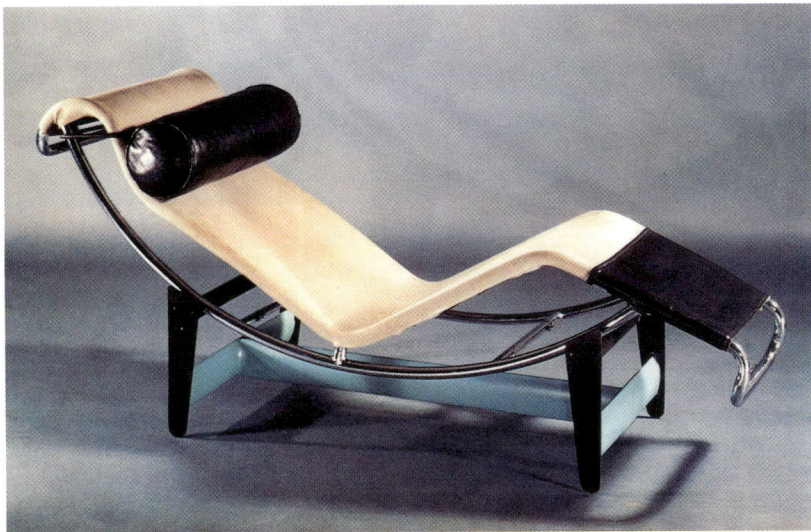

图 12.15　B306 躺椅，1928 年，由柯布西耶、让纳雷和佩里昂设计，倾斜的表面固定在一对弓形部件上并独立于支架，弓形架作为躺椅弯脚可提供多种角度的躺姿，被柯布西耶称为"放松的机器"

是 20 世纪最著名的家具作品之一。与德国的布劳耶和密斯不同，柯布西耶的椅子更关注家具外形，较少关注新型技术运用与批量化生产，因此导致了它们的价格始终居高不下。

　　法国建筑师和家具设计师普鲁维最大的贡献是将轻便装配的工业预制金属结构引入现代建筑和家具设计中，他选用与机器相同的材质和静力学结构来设计家具，并视家具为裸露的机器框架。1926 年起普鲁维采用汽车制造技术浇铸与焊接家具模型，他在 1930 年巴黎首届德国博览会上展示的一款钢构架躺椅获得很大成功，椅子的坐垫、扶手以及椅背均为皮革包面，内衬弹簧，显露出强烈的工业化气质。

　　英国战后现代家具运动的重要人物欧纳斯特·雷斯（Ernest Race，1913–1964）在二战后十年间努力探索一种高品质、平民化的现代家具风格。雷斯曾学习室内设计，在灯具公司做过学徒，战争年代他受聘于飞机工业部，对飞机技术材料的优越性了解颇多，二战后他和工程师 J·W·诺埃尔·乔登（J.W.Noel Jordan，1907–1974）合伙创办家具公司，尝试利用飞机制造

图 12.16　安乐椅系列，普鲁维，1928–1930 年设计，最初在 1930 年巴黎举办的首届德国博览会上展示，钢构架，坐垫、扶手以及椅背均为皮革包面，内衬弹簧，底座有轮脚，有强烈的工业气息

图 12.17　雷斯设计的家具包括女士椅、翼状靠背椅、安乐椅、茶几及一套"BA"餐桌椅，BA 椅设计于 1945 年，用战时遗留的废铝再熔化制成，1946 年英国展览会上成为焦点，1951 年米兰国际博览会上获金奖，在不到 20 年间销售达 25 万件

图12.18

图12.19

中的铝材废料生产家具。他们的代表作"BA"餐椅由喷砂铝废料制作，优美的锥形腿、曲线形后背与座面轻便耐用，继"BA"椅后的另外两个成功设计是 1951 年为伦敦英国节日博览会设计的户外用椅——"羚羊椅"和"跳羚椅"。

　　二战后意大利设计界元老之一马尔科·扎努索（Marco Zanuso，1916—2001）的家具设计风格仍保持着一贯严谨的态度和创新精神，极富生命力，二战后他努力推动新现代主义运动在意大利的发展。20 世纪 50 年代和 60 年代他与领先的产品制造商合作，完成了许多经典设计，他的一款金属框架椅曾在 1948 年纽约现代艺术博物馆举办的低成本家具设计竞赛中获奖，而由阿菲克斯公司（Arflex）制造的"女士"扶手椅具有与其相似的工艺技术革新。

　　铝继钢之后成为 20 世纪 30 年代后期时尚的家具材料。1938 年汉斯·科雷（Hans Coray，1906—1991）设计的瑞士国家展览馆铝制户外坐椅——兰迪椅（Landi）由 300 吨引伸压力机铸造，外壳十分坚固，其连体的座面与靠背借用了航空工业金属打孔技术，既减轻了重量，也增强了铝板表面的稳定性，椅腿用模制金属条做成，所有部件经过热处理后像钢一样坚实耐用。

12.2.3　合成材料：从模压塑胶到纤维混凝土

　　模压塑胶作为战后新型材料被一些现代设计师们运用到家具上，与金属相比，模压塑胶的质感和工艺有很大不同，对设计师来说是一个全新挑战。伊姆斯与小沙里宁在 20 世纪 40 年代和 50 年代利用塑胶材料的可塑性和高强度设计出不少经典家具作品。伊姆斯受阿尔托胶合板家具的启发最大，此外布劳耶、密斯、柯布西耶等大师对他的设计也产生很大影响。1949 年伊姆斯用刚发明的玻璃纤维作为主体材料设计出"壳椅"，这种高抗冲塑料制成的椅子环保而贴近人体，充分展现了材料魅力，符合设计师提出的"材料应毫无保留地呈现在业主面前"的要求，对现代家具设计的影响巨大。

图 12.18　扶手椅，1949 年，扎努索设计，椅子通过钢管将椅座板悬挂在框架上，造型简洁舒适，1951 年在米兰博览会上获奖

图 12.19　兰迪椅，1938 年，科雷设计，是瑞士国家展览馆的铝制户外坐椅。受航空工业启发，在金属上打孔，既减轻重量，又增强了结构稳定性

图12.20

图12.21

图 12.20　"胎盘椅"，1947年，小沙里宁设计，由弯曲管钢和包覆乳胶泡沫塑料的玻璃纤维模压壳体组成，柔和曲线为人们多种坐姿提供了可能性，椅子犹如母亲子宫一般令使用感到舒适而有安全感

图 12.21　纤维混凝土户外花园椅，1954年，古尔设计，该材质便于塑形，经得起日晒雨淋，但因内含致癌物质石棉而于 20 世纪 60 年代弃用

小沙里宁为诺尔公司设计了许多椅子，其中设计于 1947 年由玻璃纤维制成的"胎盘椅"尤为著名，复杂的仿生形体为人们提供了多种坐姿的可能性，在 20 世纪家具史上具有里程碑的意义。

威利·古尔（Willy Guhl，1915—2004）使用建筑材料之一的纤维混凝土设计家具，他在 1948 年纽约现代艺术博物馆举办的低成本家具设计大赛后开始用石膏模型为户外家具塑型，后改为纤维混凝土。纤维混凝土在家具制作中并不常见，但在古尔手里却产生了新的视觉效果。由于这种复合材料抗破裂能力与拉力都很强，因此该椅无须另加支撑，且外形上受限较少，这把有着优雅弯曲度且经得起日晒雨淋的户外椅几乎成为一个现代抽象雕塑。

12.3　家具的标准化设计

系统化与标准化是工业化生产的重要特征，它提高了生产的效率与产量，并且标准化部件经不同组合后变换出不同的产品造型与功能来。德国在现代家具方面力推系统设计，德意志制造联盟创始人穆特修斯在 20 世纪初期就倡导标准化设计，将它视作提高德国产品质量的有力手段。德国通用电气公司是早期采用标准化系统的公司之一，由设计总监贝伦斯大力推动，后来格罗皮乌斯成为包豪斯校长后也强调标准化的重要性，学院的家具车间在布劳耶的领导下也进行了家具部件的标准化试验，涉及卧室、起居室、儿童房和厨房在内的成套住宅家具。

1925 年德国法兰克福社会民主党新上台后计划通过建筑与家具设计来树立一个"新法兰克福"城市公寓建设规划，德国住宅装饰协会法兰克福分会顾问、建筑师弗朗茨·舒斯特（Franz Schuster，1892—1976）为这些公寓设计了装配式单元家具，它们用胶合板作基料，通过批量化生产，使这些装配式单元家具成为价廉物美的大众居家品。1925 年维也纳女建筑师利霍茨基也加入到"新法兰克福"公寓规划的系统家具设计中。在为低收入者、一战老兵及战争寡妇建造的低造价住宅中，利霍茨基为减少女性在厨房的劳务时间，设计推出了现代示范型厨房，后称"法兰克福厨房"。[6]"法兰克福厨房"受火车餐车厨房的启发，第一次以厨房使用者为中心，根据人体工程学合理安排功能流线和储藏空间，炉灶与餐桌间的距离控制在 3m 之内，装设移门便于主妇在烹煮时照看客厅或餐厅中的孩子。这种预制厨房功能紧凑，造价低廉、易于整理，开创了未来装配式厨房模式，为二战后的普及打下了基础，成为现代厨房发展史上最重要的里程碑。

图 12.22 "法兰克福厨房"长 3.4m，宽 1.9m，面积为 6m²

12.4 著名现代家具制造商（1950 年前成立）

12.4.1 托内特公司（Thonet Co.）

托内特公司由奥地利人米歇尔·托内特在 1819 年创建，以设计制造弯曲木家具为其特色。自 1830 年开始托内特对木材的弯曲和模压技术进行试验，成为工业化弯曲工艺的创始人。1836 年他首次用模压木条制成椅子，之后不断改进技术，用蒸汽工艺取代了胶水与螺钉的连接，在很短的时间内使公司成为拥有全球销售网络的主要弯曲木制造商。20 世纪 30 年代托内特公司与包豪斯的布劳耶、密斯等著名设计师合作，制造钢管家具，将托内特打造为 20 世纪最具重量级的家具品牌。如今公司总部和生产基地设在德国，由托内特第五代执掌。2019 年公司举办了 200 周年庆典。

12.4.2 美国赫尔曼·米勒家具公司（Herman Miller Co.）

与伊姆斯夫妇紧密合作的美国赫尔曼·米勒家具公司是全球著名家具企业，自 1923 年成立以来一直致力于现代前卫设计，在标准化、市场化、办公和工业环境的发展上成为领先者。公司最初制作大众口味的手工家具，后雇佣顶尖设计师，转变商业营销策略。1930 年设计师吉尔贝特·罗德（Gilbert Rohde，1884—1944）担当设计总监后公司逐渐向生产具有大储藏空间的不落地家具和金属家具发展，并开始研发家具的标准化设计。1946 年继任的乔治·尼尔森（George Nelson，1908—1986）邀请了伊姆斯、亚历山大·吉亚德（Alexander Girard，1907—1993）等一流家具设计师加盟公司，推行标准化模数来设计储物柜及办公家具，如 1949 年米勒公司获得伊姆斯家具的生产权，凭借胶合板家具在业内取得极高知名度，公司由此成为世界最有影响力的家具公司之一。

12.4.3 卡希纳公司 (Cassina)

卡希纳公司最初是一个手工作坊起家的家族企业，由切萨雷·卡希纳 (Cesare Cassina) 和翁贝托·卡希纳 (Umberto Cassina) 两兄弟于 1927 年在意大利米兰创立。起初公司为当地居民加工具有传统风格的家具，1945年后公司的家具生产和设计方式发生了重大转变，家具款式明显带有时代特征，注重批量化生产。公司规模虽不大，但拥有麦金托什、里特维尔德、赖特、柯布西耶、佩里昂等设计大师的家具生产版权，集结了 19 世纪后期到 20 世纪主要的家具经典作品，与许多顶尖设计师保持着良好的合作关系。比如 1929 年推出的"柯布西耶椅"由卡西纳公司 1965 年重新恢复制作，1971 年公司又买下了里特维尔德所有的家具版权，限量生产著名的红蓝椅。卡希纳公司的成功为二战后意大利家具赢得了国际声誉和地位，公司规模在二战后不断壮大，在家具业享有"最高质量"的品牌美誉。

12.4.4 伊索肯公司 (Isokon)

伊索肯公司于 1929 年在英国伦敦成立，致力于现代住宅和公寓的设计与建造，也生产家具设备。公司原名为韦尔斯·科茨与合伙人公司 (Wells Coates and Partners)，1931 年更名为伊索肯，有构成主义寓意。公司的特别之处是公司高管由细菌学家、法律顾问及经济学家组成，而实际运作与市场营销由杰克·普里查德 (Jack Pritchard，1899-1992) 掌控。二战时期公司停产并最终于 1939 年关闭。1963 年普里查德恢复伊索肯公司，并聘任雷斯担任设计总监。伊索肯与包豪斯有着紧密的联系，在开业最初的十年里，格罗皮乌斯、布劳耶先后担任过公司的设计总监，包豪斯另一位教员纳吉也为伊索肯效力过。布劳耶在此期间的作品具有明显的现代主义风格，在游历欧洲后为公司开发了铝制框架弯曲胶合板椅，其中最著名的休闲椅曲线优美，体现了设计师对人体工效学的关注和研究。

12.4.5 诺尔国际 (Knoll International)

1938 年成立的诺尔国际是美国著名的家具制造与室内设计公司，是米勒家具公司的主要竞争对手。创始人汉斯·诺尔为德国家具商，被包豪斯的前卫理念所吸引，妻子弗洛伦丝曾在老沙里宁领导的匡溪设计学院和密斯领导的伊利诺伊技术学院学习过，夫妇俩对于工业时代材料与技术的运用，总体设计中家具与家饰品的整合有着相同的理解。丈夫诺尔负责制作和市场推广，而弗洛伦丝则主管纺织品及整体设计部分。公司的成功以弗洛伦丝获得导师密斯的"巴塞罗那"系列设计版权开始，通过一种与特许制造商合作的创新管理模式来扩大它的全球业务范围，许多和他们合作的设计师比如小沙里宁都是他们的朋友和同事，为争取更多的德国移民客户以及考虑从战场回来的老兵就业问题，1950 年公司总部从纽约迁至宾夕法尼亚。

12.4.6　阿泰克公司（Artek）

阿泰克公司由芬兰的评论家尼尔斯－古斯塔夫·哈尔（Nils–Gustav Hahl，1904–1941）、艺术赞助人迈雷·古利克森（Maire Gullichsen，1907–1990）及阿尔托夫妇于 1935 年建立。公司以芬兰自由主义为社会背景，崇尚现代生活理念和生活艺术化，希望成为芬兰当代家具、室内、艺术与工艺美术的中心。阿泰克努力将阿尔托夫妇设计的家具、室内以及相似风格的国内外产品市场化，组织与举办反映国外设计动态的艺术与实用艺术展，1936 年在赫尔辛基开设首家商店。20 世纪 30 年代阿泰克的业务达到高峰，涉足办公、休闲和公共空间等多个领域。1950 年阿泰克艺廊成立，并以举办艺术展和实用艺术展为宗旨，1991 年阿泰克公司被瑞士的投资公司控股。

材料技术和机械化生产的不断完善给 20 世纪上半叶的家具业带来了前所未有的改变和发展，小小的家具成为时代审美和工业化水平的缩影。在一批家具设计先驱们的努力推动下，家具制造从最初莫里斯所倡导的纯手工向着批量化和功能化的方向转变。这一时期现代建筑师如阿尔托、密斯、格罗皮乌斯等为完善自己的建筑作品而加入到家具创作的行列，在为后人留下的作品中有些至今仍畅销不衰。然而值得注意的是这些热销的现代家具并不在意舒适度，它们以艺术为名，呈现的更多是设计师所追求的原创精神和全新设计，这在早期现代家具设计中尤为明显。

注释

1　罗大坤编著.大师细部——家具.北京：中国三峡出版社，2006：78.
2　罗大坤编著.大师细部——家具.北京：中国三峡出版社，2006：83.
3　倾斜靠背椅早在 17 世纪就已出现，1860 年后由英国工艺美术运动的发起人莫里斯开始推广。
4　里默施密特于 1902–1905 年在纽伦堡艺术学校任教，1912–1924 年为慕尼黑工艺美术学院院长，1926–1931 年担任科隆工业设计学院院长。
5　约翰内斯·汉森是当时丹麦最负盛名的木匠之一，也是丹麦木工行业协会创始人之一。
6　全工业化生产的"法兰克福厨房"强调以使用者为中心，根据人体工程学划分五大功能区（食品储备区、厨具储藏区、清洗区、准备区、烹饪或烘烤区），代表着当时欧洲乃至世界厨房发展最领先科技和最高设计标准，成为世界厨房革命的代名词。

第 13 章
Chapter 13

建筑照明早期发展和灯饰设计
(1920—1950)

The Early Development of Architectural Lighting and Design of Lamps (1920—1950)

作为一种哲学体验，特别是见到的一瞬间，电灯发出的光竟如此绚丽，那些从来没有领略过它风采的人很难对它做出正确评价，它强大而耀眼的光芒或是阴影投下的深暗，超越了人工照明所产生的所有常规的景象。

——约翰·鲁特（John Rutter）[1]

　　在电灯发明之前，建筑采光始终依赖自然光，直到 19 世纪后期，电灯的发明催生建筑照明一体化，也开启了现代人工照明的历史。照明工业化最初通过管道输送瓦斯提供照明，不管是牛油烛、蜡烛或瓦斯，所有照明源均依赖燃烧，直到 1878 年约瑟夫·斯旺（Joseph Swan，1828—1914）和托马斯·阿尔瓦·爱迪生（Thomas Alva Edison，1847—1931）研制了第一代白炽电灯泡后人类才开启了一个全新的照明时代。

13.1　照明技术的历史演进

　　18 世纪和 19 世纪瓦斯照明相当普及，不仅应用于街道和建筑物室内，也应用于特殊的庆典场合。建于 1889 年的埃菲尔铁塔就是用瓦斯灯泡勾勒出其标志性的轮廓线，在 1900 年世博会上成为一道炫目动人的风景线。新的应用型人工光源不仅是一种进步的象征，也促使早先不稳定、不可靠的燃料向安全价廉、清洁高效的电力能源转变。电力照明在 19 世纪末 20 世纪初为建筑空间设计带来了前所未有的发展机遇。新的电灯泡以其更为明亮稳定的光色和千小时以上的寿命替代了瓦斯灯泡，1913 年投放生产的第一代钨丝灯泡呈亮白色，与碳丝灯泡的黄色光不同。1933 年技术的进步促使钨丝灯泡一跃成为当今最简单实用的人工光源，二战后钨丝灯泡的范围和类型有了较大的拓展和突破，成为家庭、办公和工厂等各种场所所需的照明器光源。斯旺－爱迪生联合公司生产各种尺寸和功率的灯泡，并在照明器上安装了嵌入式反射装置。

图 13.1　英国发明家斯旺发明的白炽灯泡

　　20 世纪 60 年代卤素的添加使白炽灯发生了根本性改变，效率提高，光色改进。之后有了石英涂层，灯具尺度大大缩小，功率、色温等保持不变，产生了新一代紧凑型光源。早期卤素灯依赖大功率电力，不久制造商们开始生产更为细巧的低压灯具。20 世纪 70 年代，低压灯出现于建筑照明上，尽管它们附带变压器，但小体积、高功率的优势使它们成为二战后占主导地位的高压灯的强劲对手。

　　除了点状光源外，通过瓦斯或蒸汽发热放电的管状灯管（又称荧光灯）技术也有了提高，尽管像早期的特殊光源霓虹灯一样用途广泛，不过其色温和频闪的控制技术发展却经历了一段漫长的时期，直到 1936 年才被推广于商业领域。如今荧光灯产品齐备，并保证恒流启动、无频闪和弱光操作标准，成为继白炽灯泡后另一个使用最广泛的人工光源。

　　20 世纪后 50 年，金属卤化物灯、镭射灯、高压钠灯、微波硫灯、半导体发光二极管（简称 LED）[2] 等新型光源层出不穷，为人类的生活、工作和学习带来了很大的便利。其中 LED 是目前受到国内外重视的新型节能环保光源，它耗电少、寿命长、污染小、光色丰富，这一新世纪最具发展前景的高技术已在世界范围引发一场以 LED 光源替代传统白炽灯和荧光灯的又一轮照明革命。

图 13.2　1910 年 新 泽 西 州的哈里森通用电气公司（Harrison）灯泡生产车间

13.2　建筑照明的早期发展

　　钢结构和钢筋混凝土的大量使用促进了 20 世纪建筑设计和建造技术领域的巨大变革。与此同时，斯旺和爱迪生正进行着另一场将工业化的照明系统引进建筑并与之整合的技术革新。电力照明的首个应用实例是富有的工业家威廉·乔治·阿姆斯壮（William George Armstrong，1810—1900）的住宅，由发明家斯旺本人设计照明方案，整个楼共安装了 45 个电灯。首个采纳白炽灯照明的大型公共建筑是 1881 年伦敦萨沃伊剧院（Savoy Theatre），共安装了 1158 个斯旺研制的白炽灯，由六台西门子蒸汽发动机产生的 120 马力供电，创下了当时世界上最大电力照明的单栋建筑记录。

图 13.3　1881 年伦敦萨沃伊剧院是第一个采用白炽灯照明的公共建筑，由首个剧院设计师查尔斯·菲普斯（Charles Phipps，1835—1897）设计

图 13.4　1900 年巴黎世博会上埃菲尔铁塔用成千上万个瓦斯灯泡勾勒出其轮廓，成为一道亮丽的风景

然而这些尝试的成功并未立刻引起公众的关注，许多建筑师并未采用先进的照明技术来美化建筑外形。尽管像维也纳邮政储蓄银行（1903—1906）或是位于布鲁塞尔的塔塞尔旅馆（1892—1893）都在积极应用各种新型手段来争取自然光，但直到 20 世纪 20 年代，电力照明才逐渐成为建筑表现的重要元素而推广开来。

美国在灯泡生产方面处在世界前列。19 世纪晚期芝加哥大楼使用人工照明来显示外观轮廓，照明从最初的纯商业性演变为建筑设计的一部分。沙利文设计的芝加哥大会堂（1886—1890）室内 3500 个露明灯泡布置于会堂的拱形顶棚、回廊和包厢前侧，起到了与众不同的照明和装饰功效，而参与大会堂室内设计的赖特日后在住宅中发明了改进装饰效果的泛光照明模式。

图 13.5　沙利文设计的芝加哥大会堂室内（1886—1890）

在德国，表现主义的兴起带来了对照明完全不同的处理方式，由建筑师布鲁诺·陶特 (Bruno Taut，1880-1938)1914 年为德意志工作联盟科隆展设计的玻璃宫是他和诗人保罗·舍尔巴特 (Paul Scheerbart，1863-1915) 创立的乌托邦理论的最佳宣言，由光和玻璃构成的水晶体结构灿烂夺目，阳光可达建筑内部的中心区域。而"玻璃建筑"中安装了许多人工照明装置，包括对结构立柱的照明及彩色光源等，对于电力照明不同的使用态度在业界引起了激烈的争论。建筑师埃瑞克·门德尔松 (Eric Mendelsohn，1887-1953) 1924 年设计的赫皮希百货公司 (Herpich & Sons Department Store) 是他首个将电力照明整合于设计的作品，立面由大玻璃、石灰石和青铜窗框构成，夜间照明藏于凸窗外的石材墙内，在夜色中勾勒出建筑的横向轮廓线，同时沿街底楼橱窗也被照亮以吸引路人。德骚包豪斯的几任校长都间接地受到光线与建筑关系的深刻影响，其中匈牙利人纳吉的"光空间模数"试验有力支持了一项以动感灯光为目的的人工照明控制研究将近十年，通过对光的戏剧性和探索性研究，纳吉找到了运用灯光巧妙消除实体的方法，他的前卫试验影响了以后许多建筑师。

人工照明潜能的不断开拓也促使建筑对自然光的运用发生了质的变化。轻质结构的革命允许更多的日光进入，同时一种打破室内外界面的透明建筑越来越受到青睐。密斯认为玻璃的使用可将自然光引入到建筑内部，在 1921 年柏林新办公楼设计竞赛中他采用了玻璃塔楼的概念，以期制造一种外观普通、光反射多于光影变化的新建筑形象，这种通透性加反射性的做法在之后的 1929 年巴塞罗那德国馆中得到进一步的发展。在这个颇为经典的建筑中，密斯利用抛光石材、铬合金、水面、清透和雾状玻璃等创造出光线反射和折射的复杂效果，并率先在其雾状玻璃墙上使用柔和的漫反射照明效果。

另一股照明思潮是将建筑看作是光影雕塑，柯布西耶在 1923 年推出一系列如何用光表现建筑的基本形式（立方体、圆锥形、球形、圆柱形等）及其表面的设计原则，这在其早期作品如 1925 年巴黎装饰艺术展的新精神

图 13.6 玻璃宫，布鲁诺·陶特 1914 年为德意志工作联盟科隆展设计

图 13.7　德国门德尔松设计的赫皮希百货公司白天和夜景照明

图 13.8　巴塞罗那世博会德国馆，1929 年，密斯设计，雾状玻璃产生出梦幻的光影效果

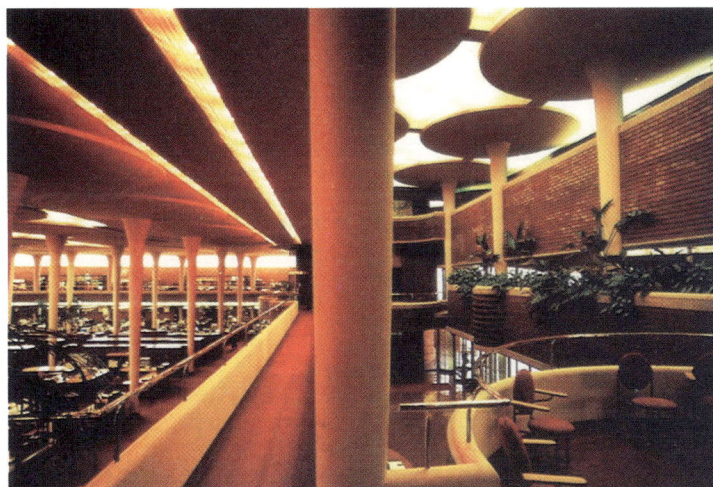

图 13.9　赖特设计的约翰制蜡公司管理大楼室内

宫中已有所表达，之后萨伏伊别墅等许多项目中都将光与健康生活的象征性时代联系起来。来自北欧芬兰的阿尔托视光为自然有机的元素，作品中力求通过屋顶采光方式来提供充足柔和的日光，夜晚则用照明制造出相似的白天采光效果。

20 年代末 30 年代初的装饰艺术盛行时期，照明作为设计中的一个重要因素被广泛运用于商业建筑内外，许多高光亮的材料表面、镜面和强烈的几何造型在灯光中被加强以突出其装饰效果，有些建筑通过夜间照明成为城市的地标。之后的岁月里，建筑照明质量的提高依赖于快速发展的技术进步和观念的改变，它在满足功能使用的前提下更趋于人性化和高效性，给人们的生活带来更多的精神享受。

13.3 1920-1950 年灯饰风格的演变

灯饰可谓集技术与艺术于一身，它的光照质量随照明技术的更新而提高，而灯饰的造型、材质、制造工艺也充分体现出时代美学和工业技术水平。受立体主义和风格派的影响，20 世纪初期欧洲建筑师和设计师们已在进行早期现代主义的探索，这种新的设计思想渗透到建筑、室内、产品设计等各个领域，灯饰设计相继做出回应，尝试从各种传统和装饰的风格中摆脱出来。

13.3.1 20 世纪 20 年代

20 世纪 20 年代中期，传统的灯饰风格逐渐被更具现代造型和功能的设计潮流所取代，且灯具的制造趋于批量化生产。1917 年荷兰风格派创始人之一维尔莫什·胡萨尔 (Vilmos Huszar，1884-1960) 为匈牙利画家，后开始设计家具、玻璃制品、纺织品和灯具等家饰品。胡萨尔的作品带有明显的立体主义色彩，强调造型的简约以及三原色的运用。另一位风格派建筑师里特维尔德应客户要求于 1922 年设计了一款吊灯，所有元素都彼此交互构成直角几何关系，形成了他作品的形式语言，深受风格派影响的德国包豪斯创始人格罗皮乌斯就在其魏玛校长办公室里选用了此款灯具，他们的思想在当时都极具现代意义。

包豪斯的设计风格被认为是真正的"现代主义"。包豪斯魏玛时期的学徒威廉·瓦根费尔德 (Wilhelm Wagenfeld，1900-1990) 和卡尔·雅各布·尤克尔 (Karl Jacob. Jucker，1902-1997) 共同设计的 MT8 金属台灯 (1923-1924) 是包豪斯现代主义风格的代表作之一，至今仍在生产。它充分展示了材料特性，乳白色半球状磨砂玻璃灯罩配以圆形玻璃板底座，中间起结构作用的金属支撑杆由透明玻璃管套嵌，体现了艺术和技术的融合。结构可视性令产品具有很强的时尚感，几何造型的零部件又适用于大批量生产，深受市场欢迎。另一款"康登"床边灯为包豪斯女性设计师布

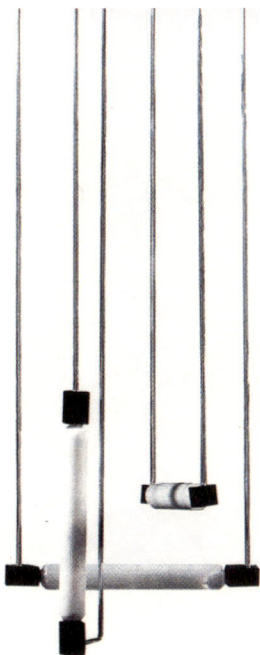

图13.10

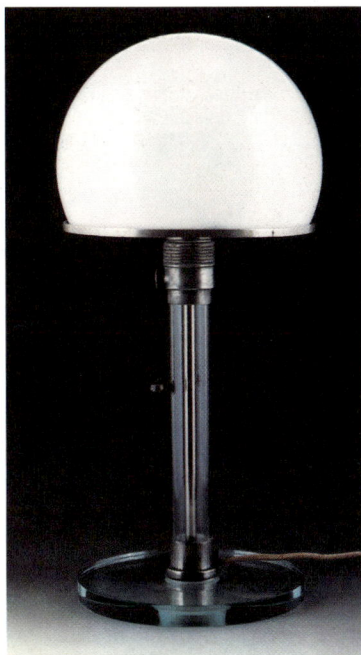

图13.11

图 13.10　自由垂悬吊灯，1922 年，里特维尔德设计，悬垂高度155cm，被格罗皮乌斯选用于魏玛的校长办公室中

图 13.11　MT8 金属台灯，瓦根费尔德和尤克尔1923-1924 年共同设计，是包豪斯现代主义风格的代表作之一

朗特1928 年的作品，象牙色烤漆的钢材表面、可弯曲的灯颈、单一颜色以及稳健的基座赋予了这款灯具简单而功能性强的特点，这是布朗特尝试将日用品批量化生产的代表力作。20 世纪 30 年代后期，注重实用性的包豪斯灯饰理念逐渐流行起来，被所有重要的灯具制造商们青睐，同时灯具规格、灯罩反射装置等灯具标准化问题也受到设计师和制造商们更多的关注和思考。

　　在现代主义照明注重灯饰的舒适性和功能性的同时，也有一批设计师努力为中上阶层打造高品位的艺术灯饰。法国的鲁尔曼就是其中一位，他曾在 1925 年巴黎国际装饰艺术展上获得国际声誉，作品内容广泛，堪称 20 世纪 20 年代奢华装饰的典范。鲁尔曼的灯具设计擅长使用雪花石膏和黄铜等精致材料，这些灯具与圆形镜子、大理石、象牙等材质相得益彰。让－米歇尔·弗朗克（Jean-Michel Frank，1895-1941）的作品精于对材料特性的认知和处理，强调各种材料不同的表达内涵，具有鲜明的个性和装饰艺术风格的戏剧性，受到巴黎中产阶级的喜爱，他在巴黎商店销售他的现代主义风格的家具与灯具。

　　丹麦路易斯·波尔森照明公司（Louis Poulsen & Co.）对现代灯饰的贡献很大，产品应用于世界各大著名建筑中。波尔森公司的灯饰出自许多本土名设计师之手，如丹麦著名设计师波尔·亨宁森（Poul Henningsen，1894-1967）、阿尔内·雅各布森（Arne Jacobsen，1902-1971）、维奈·潘顿（Verner Panton，1926-1998）等都为该公司设计过脍炙人口的作品。

图 13.12　悬垂吊灯，布朗特 1926 年设计，灯罩直径40cm，镀镍铜质底座，乳白色玻璃灯罩

图 13.13 壁灯，1925 年，鲁尔曼设计，直径 35.5cm，雪花石膏灯罩镶嵌于精铜圆盘底座

　　亨宁森[3]是丹麦第一位照明设计理论家，在其 30 年的设计生涯中设计了大量灯具，种类包括台灯、落地灯、钢琴专用灯及枝形吊灯等。他偏爱黄色、琥珀色、红色等不同颜色的玻璃作灯罩，搭配具有安全性能的胶木插座，这些灯具在 20 世纪 30 年代从公众和商业场所逐渐走进个性化家居中，并在德国市场受到欢迎。他的成名作是 1924 年设计的首款多层罩片灯具，曾在 1925 年巴黎国际博览会获得金奖，有"巴黎灯"之美誉。该灯具后来发展为著名的"PH"系列灯，凝聚了亨宁森多年科学实验的结晶，堪称 20 世纪中前期丹麦最具有创意的设计，至今畅销不衰。"PH"灯具不仅具有极

图 13.14 PH–2 号台灯，丹麦著名设计师亨宁森 1931 年设计，高 42cm，绿铜基座，可调节灯杆，彩色玻璃灯罩

图 13.15 台灯，缪勒 1932 年设计，高 45.7cm，镀镍金属基座和臂杆，阶梯状玻璃灯罩

图13.14　　　　　　　　　　图13.15

高的美学价值，而且遵循照明的科学原理，没有任何附加装饰，高度体现了斯堪的纳维亚注重功能、技术精湛的设计风格。

　　奥托·缪勒（Otto Müller，1874—1930）曾是亨宁森系列灯具的德国经销商，后成为专业的灯具设计师，其作品将亨宁森隐藏式灯泡及光色柔美的灯具特色与包豪斯风格相融合。1931 年他在卡尔斯鲁厄（Karshuhe）大学技术学院灯具设计所工作时设计了"光亮女神"系列灯具，它们通过精准的可调节定位装置避免眩目，其阶梯状灯罩也便于日后的清洁保养，因而特别适用于医疗卫生系统。

13.3.2　20 世纪 30 年代

　　20 世纪 30 年代出现的艺术装饰灯具光色更趋柔和舒适，顶棚反射的间接照明方式逐渐得以推广，同时管状光源技术发展迅速，荧光灯成为公共商业环境的普及性光源，而早先用作招牌的霓虹灯也成为特殊的装饰照明光源。流线型外观因功能需要和招揽作用在这一时期亦颇为流行，此外机能性强的灯具也开始问世。

　　法国德斯尼公司（La Maison Desny）始建于 1927 年，与很多前卫设计师保持着密切合作，产品体现了 20 世纪 30 年代现代主义建筑的风格。雅克·勒·舍瓦利耶（Jacques Le Chevalier，1896—1987）是一位具有现代意识的功能主义者，对包豪斯及法国先锋派革新者都很熟悉，他惯于采用与工业有关的人造橡胶、铝合金等材料，作品具有机械美学特征。20 世纪前半期法国最重要的建筑师和设计师之一的皮埃尔·夏侯最初为一名制图工，他是装饰艺术沙龙中的常客，20 世纪 20 年代晚期他开始从装饰性风格向机械化和现代性的设计语言转变。让·鲁瓦埃（Jean Royere，1902—1981）[4]曾在 20 世纪 30 年代和 40 年代引领潮流，他的灯饰作品常采用精致铁材作为整体架构，以羊皮纸做成灯罩，作品具有乡村风格或嬉戏成分，充分展示出各类材料的美学本质。

图13.16

图13.17

图 13.16　台灯，1930 年，德斯尼公司设计，高 17cm，镀铬金属底座，玻璃质散光装置，在当时的建筑类刊物中经常可见

图 13.17　台灯，1930 年，舍瓦利耶设计，高 28cm，人造橡胶与木质底座，铝质灯罩

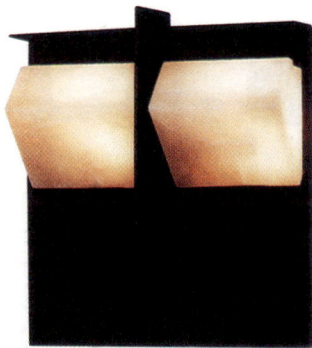

图13.18

图13.19

图13.20

图 13.18 壁灯，1930 年，夏侯设计，高 35.5cm，金属架构，雪花石膏材质散光配置

图 13.19 超级理想工作壁灯，1933 年，德尔设计，长 125cm，搪瓷钢质和铝材，可伸缩

图 13.20 卷轴形磨砂玻璃壁灯，1930 年，珀泽尔设计，长 60cm，时尚实用

德国设计师沃尔夫冈·滕佩尔（Wolfgang Tümple，1903–1978）于 1922–1925 年在包豪斯学习，曾在金属制品店里做过学徒，1927 年开始了银器匠和设计师的自由职业生涯。他最早在灯饰中应用灯管，并加以规模化生产。克里斯蒂安·德尔（Christian Dell，1893–1974）曾是魏玛一家金属工坊的技术指导，并执教于法兰克福应用艺术学院，他的作品有五百多种，因大规模生产的要求，很多部件都具有标准化和灵活性特征，他在 20 世纪 30 年代推出的作品具有更明显的流线型语言。身居巴黎的设计师让·珀泽尔（Jean Perzel，1892–1986）是最早一批运用玻璃材质作散光灯罩的工业设计师，他设计了许多壁灯，它们大都以实用整齐的流线型闻名，以高质量的白色光学玻璃为灯罩材料。其中 1930 年设计的落地灯同时提供向上和向下的间接漫射光，另一款卷轴形磨砂玻璃壁灯则将现代主义的时髦特性与实用性有机地结合起来。卡尔·特雷贝特（Karl Trabert，1858–1910）因 1933 年设计了一款台灯而声名鹊起，他与二战之前德国最重要的设计师们有着稳定而紧密的接触，他还与当时最具影响力的现代主义艺术宣传阵地之一的《新法兰克福》杂志交往频繁。

吉尔贝特·罗德是美国最早致力于批量化生产现代主义灯饰的设计师之一。作为新闻记者和政治漫画家的他于 1927 年投身于家具设计，同年旅居巴黎，在那里深受现代主义设计大师的启迪，20 世纪 30 年代罗德设计了若干具有机械时代特征的灯具，他的诸多作品对美国灯饰设计及家具工业产生了重大影响。

作为意大利装饰艺术风格最重要的倡导者之一，彼得罗·基耶萨（Pietro Chiesa，1892–1948）的灯饰作品造型简洁，常给人有惊奇感。自 1921 年成立工作室以来，他主要致力于设计制作玻璃质饰品，通过对材料的打磨、熔铸、剪切等技术手段推陈出新。1933 年基耶萨的工作室与吉奥·蓬蒂（Gio Ponti，1891–1979）的工坊合二为一，基耶萨出任艺术指导，督导设计了 1500 余款作品，20 世纪 30 年代和 40 年代被广泛展出。蓬蒂的作品受威尼斯风格的影响，视水晶为奢侈类产品的绝佳材料，他在 1931 年设计的吊灯以玻璃材质制成球形罩面，体现了对几何形体的偏爱。1932 年他在一家玻

图13.21

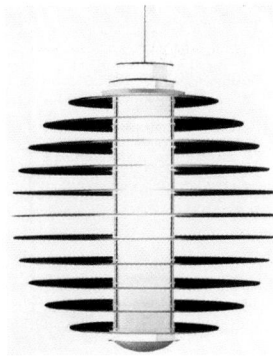

图13.22

图 13.21　圆形台灯，1934—1935 年，罗德设计，高 28cm，镀铬金属底座和灯罩，灯罩可以多角度旋转调节以获得不同需求的光照效果

图 13.22　吊灯，蓬蒂 1931 年设计，直径 53cm，镀镍金属结构，乳白玻璃面板，同心圆面

璃制品厂内创立了艺术分部，旨在推动原创设计以满足时代对高品质装饰品的需求。1946—1950 年他为一家玻璃工场设计了一系列包括红、黄、蓝、绿的彩色玻璃灯具，且灯管弯曲复杂，具有某种渲染气氛。

　　角架平衡式台灯是一款重要的高机能作品，由乔治·卡沃丁（George Carwardine，1887—1948）1932 年设计，其模拟人体肢体的铰接原理，形成具有较强自动调节性能的结构。卡沃丁本是一位擅长汽车悬挂系统设计的英国汽车工程师，仅这一项杰出的设计就足以让他的名字出现在各种工业设计著述中。1937 年这款台灯专利权被挪威著名的灯具设计师雅各·雅各布森（Jac Jacobsen，1901—1996）购买，并对他后来 Luxo L-1 台灯的设计产生了巨大影响，直到今天这款经典台灯已经被无数灯具设计师借鉴和模仿，它的功效性和现代美感在七十多年的生产和使用中得到了最好的证明。

13.3.3　20 世纪 40 年代

　　20 世纪 40 年代许多设计师运用新材料和新技术对光源和灯具造型进行了更为大胆的探索，战后的灯具以简易平实的材料、简洁的造型和色彩、低廉的造价满足了战后市场的要求。让·普鲁维[5] 在 20 世纪 40 年代初期设计了一批裸露灯泡的灯具，其中最为著名的是为法国航空公司办公楼设计的壁灯，长度达到 2m，其枝杆可以任意调节方向和角度，具有巨大的灵活性，被使用于诸多家居项目中。法国的博里斯·让·拉克鲁瓦（Boris Jean Lacroix，1902—1984）深受现代主义艺术运动的影响，运用了当时较新型的丙烯酸材料来制造灯具，造型上体现了法国先锋主义的风格。雅克·阿德内（Jacques Adnet，1901—1984）是活跃于 20 世纪 40 年代和 50 年代的法国设计师，一方面他喜爱将皮革和铜等材料结合，以求达到雅致的视觉效果，另一方面他善于采用竹管等自然材料做灯具结构。

　　芬兰照明设计的先驱者帕沃·蒂内尔（Paavo Tynell，1890—1973）在 1918 年成立了自己的金属制品公司，20 世纪 20 年代和 30 年代雇佣了众多

图 13.23　蚱蜢灯，葛丽泰·格罗斯曼（Greta M. Grossman，1906—1999）于 1947 年设计，这是她最著名的现代灯具作品。

图 13.24

图 13.25

图 13.24 枝形吊灯，蒂内尔 1948 年设计，悬垂高度 106.8cm，铜质结构，手工制作

图 13.25 圆柱台灯，日裔美籍雕塑师野口勇 1944 年设计，高 40.4cm，樱桃木支架，纤维玻璃强化的聚乙烯化合物灯罩

年富力强的设计师。他所设计的银制品独特而富有成熟韵味，照明设备则制造出室内的优雅氛围，20 世纪 50 年代推出了他本人设计的具有革新意义的手工灯饰作品，大都具有古典水晶的华美气质，灯光变幻莫测，产品在美国市场深受欢迎。

日裔美籍雕塑师野口勇（Isamu Noguchi，1904–1988）[6] 的服务对象为富有的成功人士，他以传统的帛纸为材料创造了许多缀以闪亮灯具的雕塑作品。此外还用铝材设计台灯，并于 1944 年推出了其变体样式：以樱桃木为架构，以纤维玻璃强化的聚乙烯化合物为灯罩。这些作品获得了商业成功，具有很高的原创性。

13.3.4 20 世纪 50 年代

20 世纪 50 年代的灯饰一方面向低造价和轻巧感发展，符合工业化生产要求，另一方面更注重灯具的实用性和光照的舒适性，灯罩、灯架等部位大都可以旋转伸缩，光线以反射、散射等间接照明为主。意大利涌现出一批把握时代脉搏的设计师和灯具公司，斯蒂尔诺沃公司 (Stilnovo) 的旗下汇集了大批声名显赫的设计师，产品具有强烈的视觉冲击力和试验精神，代表了意大利灯具设计的主流。阿雷多卢斯公司（Arredoluce）由设计师安杰洛·莱利（Angelo Lelli，1878–1959）创办，是 20 世纪 50 年代和 60 年代意大利最具革新精神的灯具制造商之一，擅长为普通家居设计制作具有现代主义风格的灯具，多数作品具有动感的雕塑外形。吉诺·萨尔法蒂（Gino Sarfatti，1912–1985）的灯具作品体现出他"本质主义者"的一贯诉求，造型理性，色彩鲜明，突出实用主义特征，他设

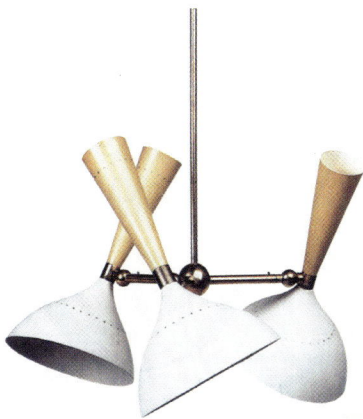

图13.26

图13.27

图 13.26　吊灯，斯蒂尔诺沃公司出品，垂落高度91.5cm，铜质结构，搪瓷金属灯罩

图 13.27　吊灯，阿雷多卢斯公司 1954 年出品，高80cm，搪瓷金属反光设备与灯罩

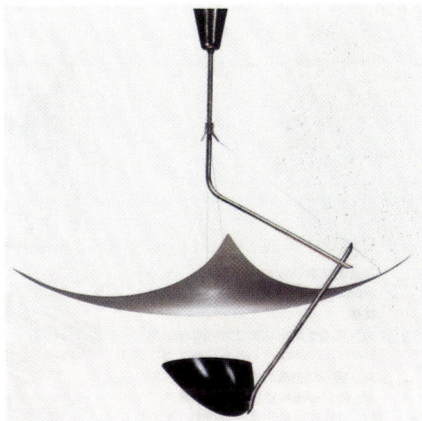

图13.28

图13.29

图 13.28　台灯，1952 年，萨尔法蒂设计，高 28cm，镀镍金属结构与铜质底座，镀镍金属灯罩

图 13.29　"维斯康迪"吊灯，卡斯蒂廖尼兄弟 1960 年设计，金属框架，外覆茧状防护膜塑料灯罩。这种材质出现于二战后若干年间的美国，最初用于军工装置，为一种表面喷有防护膜的新型塑料材质

计的台灯由三个分支结构统合在一个底座中，给使用者提供了很大的灵活性，也体现了意大利独特的手工艺内涵。此外堪称 20 世纪最著名灯饰设计师之一的阿基列·卡斯蒂廖尼（Achille Castiglioni,1918–2002）和皮耶尔·贾科莫·卡斯蒂廖尼（Pier Giacomo Castiglioni，1913–1968）兄弟则一直在寻求技术与艺术的融合，并且设计风格秉承极少主义精简实用的地方传统。

法国 G·里斯帕尔（G.Rispal）的作品具有强烈的印象主义风格，在理念上受当时抽象主义雕塑的影响，由于注重生态造型，这些灯具在战后设计风潮中一度处于领先地位。

芬兰建筑大师阿尔托对建筑中灯具与空间综合布局的原理有着深入的研究，擅长根据不同的建筑空间特点来筹划具体的灯饰造型。在他看来，灯具外形具有重要的审美意义，好的造型给人以丰富的视觉享受。阿尔托在其设计生涯中至少设计出了 30 多种引人注目的灯具，多数在造型上呈现管状、球状或者薄板状，与建筑的有机形态相一致。另一位芬兰女设计师丽莎·乔安森·帕佩 (Lisa Johansson-Pape，1907—1989) 的作品以典雅纯洁著称，她从工艺美术学校毕业后成为家具设计师，1942 年转向灯饰设计。帕佩将金属和压克力等新材料作为灯具用材，为医院、教育机构设计了不少照明用灯。20 世纪 50 年代后，帕佩使用丙烯酸材料制造灯饰，并在米兰获得重要奖项。

图 13.30 吊灯，1953 年，阿尔托设计，悬垂高度 29cm，搪瓷铝质灯罩，抛光铜质箍环

图 13.31 "金铃"吊灯，阿尔托在 20 世纪 30 年代为赫尔辛基"萨伏伊"酒店设计，20 世纪 50 年代由阿泰克公司改良重制，是他追求人性化效果的范例之一

图 13.32 "洋葱"吊灯，1954 年，帕佩设计，吹模铸型，磨砂及酸性蚀刻玻璃灯罩

图13.31

图13.32

　　20 世纪上半叶，随着照明技术的不断发展，建筑照明与室内人工照明也日趋成熟和完善，由于战争因素，灯饰设计从战前的重装饰逐步向战后重实用转移，并推进批量化生产，作为室内设计的一个要素，灯饰的风格演进成为时代进步和工业技术发展的真实写照。

注释

1　约翰·鲁特生于 1945 年，为英国著名作曲家、指挥家。引自 Mark Major, Jonathan Speirs, Anthony Tischhauser. Made of Light: The Art of Light and Architecture. Basel: Birkhäuser-Publishers for Architecture, 2005:11.

2　LED 是 Light Emitting Diode 的缩写，早在 1962 年就已诞生的 LED 是一种冷光源，电流可直接转变为光而无须发热。它们通常体积小、效率高，寿命可达十年。从第一代的蓝红色、1975 年的淡绿色和黄色再到 1995 年的蓝白色，LED 的光色和亮度有了很大的提高。

3　亨宁森曾在哥本哈根技术学校和丹麦科技学院学习，1920 年亨宁森作为独立建筑师成功完成了住宅、工厂和剧院的室内设计，也为几家报纸和期刊撰写文章，为剧院编写滑稽剧和创作诗歌。

4　让·鲁瓦埃自学成材，1931 年作为装饰师开始了他的设计生涯。20 世纪 30 年代中期他的作品在一些沙龙里崭露头角，1942 年他开设了自己的画廊。1937 年在以"艺术与技术"为主题的国际博览会上，他展示的椅子靠背和座面用穿孔金属板设计制作，作品为折中主义风格，却充满想象力，昭示出他今后的设计轨迹。

5　让·普鲁维 16 岁为锻造业学徒，1924 年在法国南锡开设了第一家商店，1947 年开设了一家大型金属冶炼厂，1953 年离开，后去往巴黎开设了他的工作室。

6　野口勇的艺术生涯长达 60 年，他除了雕塑设计，也设计舞台装置、批量化生产的灯具和家具，其中有些至今还在生产。1948 年他与其他几位设计师合作，通过米勒公司制订了一个被称为现代家具最有影响力的家具目录。

第14章 先锋建筑师的住家试验（1920—1940）
Chapter 14
Pioneer Architects: Experiments on Modern Home Design
(1920—1940)

一幢建筑物的墙是属于建筑师的，他可以任意进行统治。对墙如此，对于不能移动的家具也是如此。

——阿道夫·路斯[1]（Adolf Loos, 1870—1933）

浴室希望朝南，在住宅或公寓最大的房间之一，例如老式的画室。一面墙完全是玻璃的，如果可能应通向阳台，可进行阳光浴；最时髦的是装有淋浴和健身设施。

——勒·柯布西耶[2]

　　20 世纪上半叶室内设计作为一种新兴职业日益受到重视，其设计范围也从原来的私人住宅向公共建筑领域扩展。由于行业的特殊性，从业人员的背景和来历各不相同，大致可分为两类：一类为室内装饰师、艺术家、工匠及一些艺术天分高的设计爱好者，他们以私人住宅设计为主；另一类则是建筑师，他们往往以一种总体设计的概念把握全局，将室内看作是建筑空间的延伸，从而建立起室内外的亲密对话关系。20 世纪崛起了一批活跃在建筑、室内、家具等多个领域的先锋设计师，他们大胆的探索和试验成为现代室内设计发展的有力推手。

14.1　里特维尔德：风格派空间魔术师

　　荷兰风格派成员里特维尔德是 20 世纪早期具有激进思想的家具设计师和建筑师，早年接受过非正式建筑教育，1911 年他在家乡乌德勒支创办了自己的家具厂。他除了向荷兰本国最有影响力的建筑大师贝尔拉赫学习和借鉴外，风格派成员蒙德里安、杜斯堡以及麦金托什、戈德温、赖特等都对他风格的形成产生过重要影响。"红蓝椅"是他最有名的家具作品，结构框架由几何形木条交错叠构而成，最初椅子为木本色，1923 年被刷成红、黄、蓝和黑色，完成了蒙德里安抽象画的空间转换。

　　施罗德住宅（Schröder House，1924）是里特维尔德最具影响力的建筑作品，不对称、几何形、平屋顶、三原色使它成为风格派建筑的代表，是20 世纪欧洲最现代的建筑之一。施罗德夫人在其丈夫去世后委托设计师建造一栋以她自己方式来抚养未成年孩子的住宅，以母亲与孩子的亲情关系作为设计的主线和重点来全盘考虑。整栋建筑没有任何奢侈材料，外观由

图 14.1　施罗德住宅，1924年，荷兰风格派成员里特维尔德设计，为风格派标志性建筑

图14.2 施罗德住宅二楼为主要生活空间，布置了三间卧室和客厅，通过无任何隔声性能的推拉和折叠门以及各种色彩来划分和限定房间

图14.3 施罗德住宅二楼壁炉和楼梯间，所有家具、灯具均由里特维尔德设计

水平和垂直线面穿插而成，大面积的玻璃和出挑的阳台打破了内外界限，底层设置了门廊、车库、客厅和辅助性房间，二层作为主要的生活空间布置了三间卧室和客厅。整个二层平面呈现完全开放的格局，除少数墙体固定外，卧室均采用毫无隔声性能的移门分隔。门在推拉、折叠时创造出丰富变化的自由空间，令住宅更像一个精巧复杂的居住机器。此外，住宅的色彩也具有强烈的风格派意象，所有用材包括混凝土、抹灰、铁艺、木作

都被漆成规定的色系，尤其是室内地面，每个房间以不同肌理和色泽的地材来限定，它的试验精神给人留下了深刻的印象。

继施罗德住宅后，里特维尔德的住宅设计包括肖费尔住宅（Chauffeur's House，1927）、维也纳制造联盟住宅区（Wiener Werkbundsiedlung，1930—1932）等，但是都没办法赶超施罗德住宅的先锋性，不过他对开放可变空间的探索却一直没有中断过。

14.2　柯布西耶：从"居住机器"到"住所设备"

柯布西耶是 20 世纪最有影响力、最具创新精神的建筑大师，他倡导机械美学，指出现代社会最大特征是大机器生产方式，而现代建筑应该迎合现代化民主社会的需求。尽管他在 20 世纪 20 年代和 30 年代为富裕阶层设计建造了一批别墅，但他没有遗忘建筑师的社会责任，希望为人们建造心灵的庇护所以远离痛苦和灾难。柯布西耶彻底摒弃传统建筑的装饰语汇，强调空间布局的秩序感。他一生设计了大量住宅，在他的重要著作《走向新建筑》（1923）里，他将住宅比作一部"居住的机器"——运转良好、体贴和满足主人的各种生理需求、美观且达到精神的愉悦和宁静。1925 年巴黎国际装饰艺术展推出的"新精神馆"是柯布西耶一次反主流的先锋住宅试验："L"形平面，几何外形，没有住宅常用的壁纸、木饰墙板和摆设品，空荡荡的居室里只布置了几把托内特公司制造的曲木家具、粗糙简单的金属家具及漆木储物设施。"新精神馆"因与展会主导的装饰艺术风格完全相左而受到冷遇。

图 14.4　"新精神馆"，柯布西耶设计，1925 年巴黎国际装饰艺术展住宅样板

图14.5 "新精神馆"客厅一景，1987年重建，家具和装饰画为原品

在被柯布西耶称为"居住机器"的住宅里，家具成了一种"住所设备"，它包括桌子、椅子、床以及收纳各种物品、书籍、器皿、衣物的储物家具，这些"住所设备"对应着生活必需的功能，以人体尺度为依据，在审美上契合了建筑纯粹主义精神。在他设计的住宅中，极简主义的家具如托内特公司的曲木椅因最接近功能的本质而受到他的青睐，在他推出自己的家具作品前被大量使用于极简风格的别墅项目中。1927年他与表兄让纳雷、女设计师佩里昂一起研发新家具，共同探讨家具本身的美学与功能、家具与建筑的关系以及批量化生产等问题。

柯布西耶常根据卧室、阅览室、走廊以及厨房的不同功能和现场条件设计嵌入式家具，对墙上窗扇、散热器等做出调整，使它们巧妙地转变为建筑结构的延伸物，作为书架或壁架使用。然而这些设计没有真正结合他在"新精神馆"所创建的模数系统，直到二战后马赛公寓（1947–1952）才首次实行模数化设计。"测量基于人体尺度和数学概念，人举起手臂时脚、腹部、头、举起的手臂指尖各点构成了三个间隔，形成一系列的黄金分割比。"[3] 在马赛公寓大楼中，每个角落都以人体尺度为参考基础，厨房也采取了一种新模式：它与餐厅半隔开，便于母亲和家人交流，半高的橱柜隔墙由橡木框和彩色铝饰板组成，柜台面贴以瓷砖，此外砧板、皂盒和蔬菜储藏箱等小件收纳设备也考虑周详。柯布西耶设计的厨房注重机能化和模数化，适宜批量化生产，在二战后物资和住房紧张的年代里可使更多人受益。

浴室在柯布西耶的住宅设计里意义特别，萨伏伊别墅的浴室就是一个例子。充满阳光的浴室占据着住宅平面的中心，按人体曲线设计的临窗波浪形躺板和嵌入式罗马浴盆令人耳目一新，开创了一种超越于时代的新洗浴模式。

图14.6

图14.7

14.3　密斯：奢华的极简主义空间

　　密斯早在现代主义先驱贝伦斯事务所工作时，就受到贝伦斯及其德国19 世纪建筑大师申克尔理论的影响，对新古典主义表现出一种虔诚和景仰。密斯的成就在于通过对钢框架结构和玻璃的探索应用，发展出一种具有古典构图的极简主义风格，这种风格以严谨的结构和几何空间形态为基础，摒弃一切多余装饰，让材质本身"说话"，通过不同材质的肌理来丰富和装扮空间。

　　1929 年巴塞罗那世博会德国馆是密斯的成名作，其开放自由的平面布局受到俄国至上主义和荷兰风格派的影响。整个展馆由 8 根十字形镀

图 14.6　萨伏伊别墅底层进厅，白色环境中设置了坡道和旋转楼梯

图 14.7　萨伏伊别墅中的浴室，按人体曲线设计的波浪形躺板和嵌入式罗马浴盆为蓝色瓷砖铺贴，令人耳目一新

图 14.8　1929 年巴塞罗那世博会德国馆

图 14.9 巴塞罗那世博会德国馆室内，金黄色的阿特拉斯山玛瑙石隔墙和绿色大花白围墙搭配白色皮革钢管椅，显得庄重高贵

铬钢柱、几片大理石隔墙和玻璃隔断组成，空间流动而不闭合，结构的精炼和布局的严谨隐约透露出申克尔学派的传统和他本人倡导的〝少就是多〞的设计哲学。装饰来自于材质本身，墙体和地面使用了平整粗犷的罗马砂岩、细腻亮丽的阿尔卑斯大花绿、古希腊绿石以及金黄绚烂的阿特拉斯山玛瑙石等四种石材；同时镀铬钢柱的金属亮色，通透或雾状玻璃以及白色皮革钢管椅，所有这些材质足以使这个小小的展厅散发出一种恒久的高贵和庄严。

　　1930 年建成的图根德哈特住宅是 20 世纪现代主义住宅经典，它建造在捷克布尔诺市一处陡坡上，白色粉刷的外墙面加上几何造型使住宅外观显得低调朴实，而室内却用材奢华、典雅高贵。整个客厅的主立面朝向绿坡，尽端连接一个活动玻璃房，玻璃隔墙通过机械装置安装落下，使客厅瞬间转变为一座观景台。客厅宽敞明亮，与餐厅连通，中间用摩洛哥玛瑙石隔墙分开，整个住宅无论是空间格局、用材、家具都与巴塞罗那德国馆相似，堪称巴塞罗那德国馆的〝住宅版〞。

图 14.10 捷克布尔诺市的图根德哈特住宅，1930 年，密斯设计

图14.11

图14.12

图 14.11　图根德哈特住宅客厅，客厅与餐厅的隔墙满贴摩洛哥玛瑙石，餐厅墙面为黑檀木饰板，家具仍由密斯设计，材质、工艺与巴塞罗那椅相同

图 14.12　图根德哈特住宅卫生间

　　密斯的建筑、家具和室内有着精准的比例和精湛的工艺，纯净深远的空间给人一种心灵的震撼和遐想。但也遭致了不少批评，如玻璃建筑缺乏对基地、环境和保温等问题的考虑，室内布局僵硬冷漠、缺乏私密性和人情味等，引发人们对极简主义风格在住宅适用性问题上的质疑和反思。

14.4　阿道夫·路斯：装饰的结构性表达

　　奥地利建筑师阿道夫·路斯是现代主义建筑的先驱者，尽管他的建筑、室内和理论著作根植于 19 世纪古典主义，但他的空间设计与理性方法却更多影响了国际现代主义。在他生活的那个时代，学院派、新艺术运动在 20 世纪初已明显走向衰落，哲学和艺术领域都在力求消除装饰，追随一种冷峻而富有哲学意味的风格。从 1898 年起，路斯强烈抨击分离派那种隐藏材质和对古典装饰手法的滑稽模仿，指出肤浅的伪装饰暴露出社会道德和精神的空洞与贫乏，10 年后路斯在他最为激进的著名论著《装饰与罪恶》（Ornament & Crime）中提倡清除肤浅的表面装饰，鼓励深层的结构性装饰，保留下古典主义的精神本质。

　　路斯早年在德雷斯顿技术大学学习建筑技术，1893–1896 年在美国留学期间接触到芝加哥学派以及沙利文、赖特的先锋作品，这些对他日后理论的形成产生了重要的作用。路斯欣赏美国和英国的工业技术成果，推崇拉斯金、莫里斯和英国工艺美术运动的建筑、家具和室内作品。在他 1899 年咖啡博物馆设计中可以表现出来，白色拱顶，桃花心木板墙裙，中央圆形吧台，自己设计的托内特式曲木桌椅，这些柔美的曲线增添了空间的优雅感，同时无装饰的墙面突出了空间的逻辑性和实用性，成为维也纳精英们喜爱的聚会场所。

　　路斯的室内项目大部分都是私人住宅，有着严格的立体造型和复杂的空间关系，但表现出两个矛盾的倾向——舒适质朴的乡土感和严肃理性的纪念

图 14.13 缪勒别墅，1929年，路斯代表作，几何形外观显得格外朴素

感。顶棚光洁而无雕饰，局部用木格栅或金属格栅吊顶，墙面为木板或磨光石材饰面，地面为石料或镶木地板，砖砌壁炉，波斯地毯，托内特式弯曲木家具，一些玻璃器皿、镜面、灯具等高亮光或反光物夹杂其间，形成强烈的质感反差。布拉格的缪勒别墅 (Müller House，1929—1930) 是路斯住宅的代表作，几何形立面隐藏了它与众不同的平面布局和华丽的室内肌理，实现了路斯 "住宅外观低调而所有的丰富性被展现在室内" 的主张，[4] 空间排布呈棋盘式特点，

图 14.14 缪勒别墅客厅一景，台阶和隔墙将客厅、门厅和走道分隔开，空间中没有多余附加的装饰，突出了材质自然的纹理

图 14.15　缪勒别墅，从门厅向客厅看，沙发为固定式家具，与木地板、大理石立柱及墙裙形成统一的风格

公共区域用台阶和隔窗来划分，房间装饰不同种类的木材，屋顶平台可以眺望布拉格的景色。绿色大理石、黑花岗石、白色椴木、深色桃花心木、波斯地毯、红砖壁炉、皮革包面、黄色窗帘，如此丰富的材质变化使室内有着几近奢华的视觉效果。

如此看来，路斯并非简单地拒绝装饰，而是反对那些对功能性物品无意义的表面美化，力求通过材质本身的质感肌理达到装饰的目的，抛光大理石、黄铜、皮革、嵌入式家具、英国式扶手椅以及理查德森式的横梁等设计元素贯穿于他整个设计生涯。

14.5　阿尔瓦·阿尔托：室内的有机性和人文性

芬兰建筑大师阿尔瓦·阿尔托是现代建筑史上少数几位既具有独特风格又有多方面才能的一代宗师，他热爱家乡的自然风光，起伏的山脉、蜿蜒的海岸线是他永远的设计主题。与格罗皮乌斯、柯布西耶等喜爱几何图案和机器美学的欧洲现代主义设计师不同，阿尔托的建筑总是尽量利用自然地形，融合周边景色，造型稳健质朴。与朴实无华的建筑外观相比，阿尔托的室内设计则相当明亮开阔、亲切宜人，体现出他毕生倡导的地方性、民族性和人文性相结合的有机理论思想。阿尔托不排斥工业化和标准化给人们生活带来的便利性，但标准化并不意味着所有房屋都雷同，而是通过一种灵活的体系来满足各种家庭对房屋的需求，并因地形、朝向及景色的不同而建造出差异性的房屋来。

图14.16　梅丽别墅，1938
年，阿尔瓦·阿尔托设计，
外观为清水砖墙、白色粉墙
和木板壁的混合体

图14.17　梅丽别墅客厅一
景，楼梯以疏密不匀的细圆
木棍充当栏杆，起到装饰和
分隔的效果，回应了周围自
由生长的松树林印象

　　当现代主义传入芬兰后，阿尔托开始关注理性的技术、批量化生产
和机械美学，并逐渐发展出自己的设计语言。阿尔托的建筑不乏使用混
凝土、玻璃和钢等现代材质，但基于芬兰盛产木材、铜以及冬天寒冷等
特点，其室内和家具设计以温暖的木材装饰居多，强化功能性和舒适性，
简洁的线条、细腻的木纹以及精良的工艺成为以他为代表的北欧室内风
格的写照。

　　梅丽别墅（Villa Mairea，1938–1941）是阿尔托战前的杰作，主人为
艺术品赞助人古利克森夫妇（Gullichsen），别墅以梅丽夫人的名字命名。
住宅呈"L"形布置，外观为清水砖墙、白色粉墙和木板壁的混合体，花
园里布置了桑拿房和泳池，建筑内外以白色和红褐色为主调，客厅空间

自由开放，中间用半高活动隔断划分区域，壁炉非对称设置，餐厅沿另一个轴线布置，一侧的落地玻璃窗向院子开放，轴线的尽端被倾斜的弧形木柱屏阻断，限定出一个介于客厅与餐厅之间的非正式交流空间。与主流的现代建筑相反，梅丽别墅的结构柱网大胆尝试非几何构图，圆形木柱不规则、不等距地排列其中，客厅楼梯更是以两组疏密不匀的细圆木棍充当栏杆和隔屏装饰，表达了对周边环境同样疏密不匀、自由生长的松树林一种隐喻式的回应。此外，户外泳池的曲浪形平面也令人联想起蜿蜒曲折的芬兰湖泊。

　　阿尔托的设计范围大到区域规划，小到玻璃花瓶，尤其是日常实用设计使阿尔托有机会在不同尺度和介质中去体验，加强了对建筑空间结构及形式之间关系的把握。阿尔托为后人留下了不少经典家具，而他为建筑配套的室内设计早期以光影、弧线、触感和整合性为主要特征，晚期则更为清晰地指向古典与浪漫的秩序性。

14.6　皮埃尔·夏侯：光影舞动的"高技派"住所

　　法国建筑师和家具设计师皮埃尔·夏侯在二次大战之间致力于现代主义设计，早年曾在英国家具制造商巴黎分部做了 10 年绘图员，1919 年服役后在巴黎开设自己的事务所，他的"玻璃之家"成为 20 世纪最具影响力的现代建筑和室内作品之一。这栋玻璃住宅虽大量采用了工业化材料和建造技术，但它犹如一个充满感情的机器，其震撼的空间戏剧效果与 20 世纪主流的功能主义美学形成了强烈反差。

图 14.18　"玻璃之家"外观，1928 年，皮埃尔·夏侯设计

图14.19 "玻璃之家"大厅，
两层高的钢质整墙式书架成
为大厅特殊背景墙

　　"玻璃之家"是一个住宅改扩建项目，房屋原为一栋18世纪住宅，底层、二层通过改造向院子延伸，成为医生主人的私人诊所兼住宅。住宅改造全部采用铆接钢架结构，两层高的磨砂玻璃墙像一道神秘的薄纱包裹住建筑，使光线最大限度地射入室内。平面进深大，空间高耸宽畅，底层安排诊所等候室、手术室、医师办公室和小型会客区，主人卧室位于二楼，由宽阔的钢楼梯到达。受限于功能，"玻璃之家"在建成后的几十年间只有少数学者、病人或主人的朋友有幸进入其内，它的内部对于大多数人来说有一种距离感和仪式感。

　　"玻璃之家"的室内包括柱梁结构、楼梯及家具是一场交织着机械美和光影美的视觉展演，具有超越时代的"高技派"特征。竖立在房间中央的钢柱被刷上红漆以强调它的建构逻辑，结构连接件上的铆钉作为工业味的标志而全部外露，地面选用的白色橡胶地板耐磨防滑，开窗装置机械化，钢楼梯具有十足的极少主义意味。在这样一个试验性的住宅空间中，夏侯和金工匠路易·达尔贝（Louis Dalbet）共同设计了同样赋有高技风格的钢管家具，并设置了大量移动设施与之配合。室内最引人注目的莫过于作为大厅背景墙的整墙式书架，高达两层，钢框架体系使原本厚重的书架显得轻盈通透，设计师还特别设计了安全便利的移动式钢梯以方便书架顶部的使用。此外，室内诸多地方使用打孔金属板或玻璃移动隔屏创造出一个灵活可变的平面格局，如二楼卧室可根据需要打开变身为客厅、卧室或走廊的一部分。

　　夏侯是一个富有创造力的家具设计师，"玻璃之家"在某种意义上可以被视作一个巨构家具，这是他尝试在建筑与家具两个领域之间寻求对话的结果。作为一名家具设计师，他与达尔贝合作，从早先的胶合板技术到后来的金属框架技术甚至包括家具移门、转角旋转式抽屉等移动性装置都一一探索和研究。无论是家具或建筑，追求工业美学是夏侯一生努力的方向。

　　以上这些建筑大师们以其创新的设计理论和经典力作影响着 20 世纪现代建筑和室内的发展轨迹：里特维尔德的"结构决定形式"将蒙德里安的抽象平面构图空间化，尽管他后来的住宅作品都未能超出施罗德住宅的影响力，但他的前卫试验给了包豪斯等许多同时代欧洲设计师们很多启发和灵感；"居住机器"阐述了柯布西耶的机械美学论，也暴露出这种风格的不成熟性，如居住空间的冷漠感、家具无法批量化生产以及重形式而轻家用科技等问题；密斯和路斯的建筑思想都根植于 19 世纪古典主义，主张去除一切肤浅的表面装饰，注重空间和材质本身的美感，"少就是多"和"装饰就是罪恶"成为 20 世纪 60 年代极简主义运动的口号和宣言；阿尔托的室内和家具不满足于模仿已有的形式，努力从自然界中汲取最原始的创作灵感，他的有机理论与赖特相比更强调民族性和人文主义；夏侯率先尝试了居住和工作相混合的厂房式住家模式，大玻璃加上结构外露构成了后来 20 世纪 70 年代"Loft"运动的主要特征。这些先锋建筑师们的住家试验无疑是他们设计思想最真实、最完整的体现，传达出一种超越时代的新生活理念，在试验性住宅身上，既有第一代现代主义建筑师的共性语言，也存在着丰富的个性差异，这些建筑师们的大胆探索为 20 世纪下半叶室内设计的发展指明了前进的方向。

注释

1 （美）肯尼斯·弗兰姆普顿著.现代建筑：一部批判的历史.张钦楠等译.北京：生活·读书·新知三联书店，2004：94.

2 （英）德扬·苏季奇等.20 世纪名流别墅.北京：中国建筑工业出版社，2002：40.

3 George H. Marcus. Le Corbusier: Inside the Machine for Living. New York：The Monacelli Press, Inc., 2000:158.

4 Edited by Joanna Banham. Encyclopedia of Interior Design. 2 Vols.Chicago：Fitzroy Dearborn Publishers, 1997:746.

第 15 章

北欧现代设计的先驱者
Pioneers of Scandinavian Modern Design

离开绘图桌去关注一下产品怎样被制造出来并去认识那些制造的工匠们，这应该成为学生时代一条必经之路。对于工业设计来说，与工厂合作至关重要，这是你与作品真正对话的唯一方法。

——塔皮奥·威尔卡拉(Tapio Wirkkala) [1]

不是将工序变得复杂，而是显示我们双手的能力：赋材料以活力，给家具以灵魂，使我们的作品自然到能使人仅从这种外形而不是其他就能想到它们。

——汉斯·韦格纳 (Hans Wegner) [2]

北欧指的是北极圈附近的三个斯堪的纳维亚王国——挪威、瑞典和丹麦以及两个共和国——芬兰和冰岛。由于地理位置的特殊性，这些国家森林茂密，水域辽阔，冬季漫长，人口稀少。20 世纪初期一些北欧国家纷纷取得民族独立，1907 年挪威从瑞典中分离出来，而芬兰直到 1917 年才摆脱了俄国的统治。发展设计产业成为北欧各国政治变革后振兴民族精神和文化传统的一大举措，尽管各国设计各具特色，但与世界其他地方相比，北欧设计总体上呈现一种洗练淳朴的特点。从近代历史来看，跻身于世界前列的北欧设计经历了从传统到民族再走向国际的坎坷过程，对世界现代设计的发展有着举足轻重的意义和影响。

1851 年伦敦水晶宫博览会开启了欧美大型国际展览的序幕，玻璃、瓷器、纺织品、铁艺、家具等居家用品在许多艺术与工业展上亮相，各种历史复兴风格成为 19 世纪晚期欧洲设计的主旋律。第一次世界大战后，经济的复苏促使北欧设计师努力寻求 20 世纪的发展脚步，他们并未完全卷入受风格派和包豪斯影响的国际现代主义浪潮中，尽管包豪斯风格因注重简洁实用而在某种程度上与北欧设计传统相吻合，但后者的思想仍然深植于传统的工艺技术和对木材、砖等传统材质的痴迷，加上北欧国家的民主政治倾向及开放的社会平等观念，逐渐形成了个性独特的北欧风格，为大众创造出功能性强、造价适宜、人情味重的设计作品。

15.1 浪漫的瑞典现代主义

在所有欧洲国家中，瑞典倚重自己的民族风格，在国际上树立起注重设计、政治和文化的国家形象。在 20 世纪最初十年，北欧国家刮起了一场

图 15.1 斯德哥尔摩公共图书馆，1920–1928 年，阿斯普朗德设计，为这座城市的标志性建筑，也是建筑师新古典主义时期最后一个作品

图 15.2 斯德哥尔摩公共图书馆借阅大厅

图 15.3 伊娃（Eva）休闲椅，1935 年，马特松设计，由榉木层压板框架和天然纤维编织带制成

复兴各国民族传统艺术和文化的"民族浪漫主义运动"，瑞典在传承本民族艺术的同时也努力在设计中体现现代主义的创新精神，尤其在瓷器和玻璃器皿上达到了杰出的水平。

英国工艺美术运动对瑞典影响深远，而来自法国、英国、德国的新古典主义也渗透到瑞典建筑的各个角落。功能主义作为现代主义运动的一个分支在 20 世纪 20 年代发展起来，被格罗皮乌斯和柯布西耶的思想加深和推广。在体现北欧现代主义精神的 1930 年斯德哥尔摩展上，由政府出资，瑞典工艺与设计团体主办的国家展区推出了新住宅设计模型，展会上提倡的"实用就是美"很快就成为一句大众口号。理性主义在瑞典现代主义建筑师埃里克·阿斯普隆德（Erik Gunnar Asplund，1885—1940）的展览建筑中得到最大程度的体现。这位 20 世纪上半叶极具有影响力的北欧建筑师经历了北欧浪漫主义、欧洲新古典主义及功能主义的三次设计风格的转变，为后人留下了许多传世佳作。建筑师自宅 (1911)、卡尔斯汗学校 (Karlshamn，1912) 等早期作品有着强烈的瑞典本土风格——传统木地板、灰泥粉墙、人字形屋顶以及经反复推敲的空间布局和门窗比例，均体现出北欧人的沉稳与浪漫，而斯德哥尔摩公共图书馆（1924—1928）、哥德堡市政厅大楼 (Gothenburg，1917—1937) 及其扩建建筑则显示了他从新古典主义向功能主义风格的转变。

另一个瑞典现代主义解说者布鲁诺·马特松（Bruno Mathsson，1907—1988）堪称 20 世纪瑞典最有创新力的建筑师和设计师。从某种意义上讲，他甚至可以被列入第一代大师的行列，他在 20 世纪 30 年代对弯曲木家具的研究使他日后成为与阿尔瓦·阿尔托和马歇尔·布劳耶齐名的现代主义大师。马特松从未受过正规教育，聪明好学的他从小

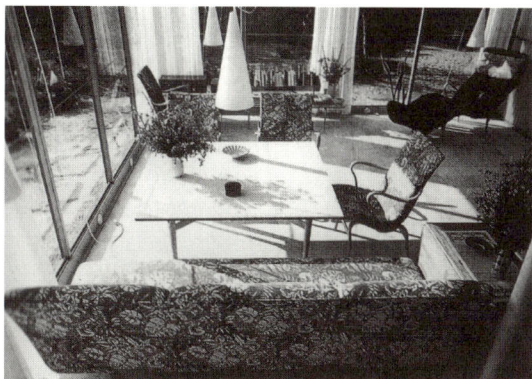

图 15.4 这是马特松自己的避暑别墅一景,里面摆放着他设计的家具作品,包括 1934 年设计的伊娃扶手椅,清朗恬静的生活场景作为典型的瑞典风格在 1940～1950 年间十分流行

就在父亲的家具作坊当学徒,并在以后的一生中都在那里工作。他的设计范围宽广,在室内、家具、建筑等多个领域都有不俗表现,尽管他在 1930～1960 年间的设计作品为数不多,但其中不少成为 20 世纪的经典而流传至今。继 1937 年巴黎国际博览会亮相后,马特松的家具作品便吸引了欧洲和美国人的目光,有机感的家具造型使他在两年后的 1939 年纽约世博会上赢得了更多的赞誉。马特松对自然造型的关注、材料的诚实运用以及主张艺术家与工业联合的立场使他成为瑞典现代主义运动的先锋代表。

二战对北欧各国的影响程度不尽相同,丹麦、芬兰、挪威受到重创,而瑞典则以中立国的身份成为欧洲一流设计师的避难天堂。维也纳建筑师和设计师约瑟夫·弗兰克(Josef Frank,1885－1967)在 20 世纪 30 年

图 15.5 弗兰克 1944 年设计的"蔬菜树"图案清新艳丽,这是他在埃斯特里德·埃里克松(Estrid Ericson,1894－1981)50 大寿时赠送他的 50 份织物图案设计方案中的一份

图 15.6 瑞典天恩家饰品公司展厅由弗兰克设计,沙发、茶几、地毯等家具与陈设均出自他之手,舒适温馨的室内风格深受瑞典人的喜爱

图15.5

图15.6

图15.7

图15.8

图 15.7　此款弯曲木扶手椅是弗兰克 20 世纪 30 年代早期为某旅游公司设计，曾被误认为是维也纳分离派约瑟夫·霍夫曼的杰作

图 15.8　"蓝色莉莉"（Blue Lily），威廉·科格为 1917 年的家居展设计，瓷器上的图案和色彩显示出他对民族传统装饰图案的回应

代初期由于战争原因移居瑞典，与以高端市场为目标的瑞典天恩家饰品公司（Svenskt–Tenn）合作，从事家具、纺织品及室内设计。由于父亲从事纺织品的生产和批发，弗兰克从小就对图案十分着迷，他在 1925 年巴黎装饰艺术展上推出的小型室内空间以其婉约清新的式样吸引了许多观众。20 世纪 30 年代他的家具设计典雅匀称，纺织品注重色彩与图案的搭配，室内则更多地考虑人性化和舒适性。弗兰克的创作融合了 18 世纪欧洲中国风、英国家具风格及法国丝绸工艺等，为北欧现代美学注入了新的内涵和活力，代表性家具有埃及风格的三腿踏脚凳、三面镜梳妆台及手推餐车等。

　　在瑞典现代工业设计发展进程中，瓷器设计师威廉·科格（Wilhelm Kage，1889—1960）可谓功不可没，在长达 40 年的设计生涯中先后与多家瓷器制造商建立了稳定的合作关系，是瑞典现代设计中艺术家与工业制造商结合的典范。科格早期创作具有新艺术运动风格的海报与绘画，20 岁时先后来到斯德哥尔摩和哥本哈根求学，深受两国现代艺术的启发，特别对象征主义有了更深入的理解和认识。一战前夕科格从绘画艺术转向海报设计，标志着他从纯艺术向商业设计的转型。1917 年他出任古斯塔夫伯格（Gustavsberg）公司的艺术总监，这是他早期设计生涯中最重要的设计工作，而 1930 年斯德哥尔摩世博会是科格设计生涯的转折点。受超现实主义和立体主义的影响，科格的设计较以往更加柔和流畅，装饰细节也越发洗练，主题也从瑞典民间传统转向了墨西哥、中国等异域文化。20 世纪 40 年代科格继续推进批量化生产模式，对二战后的欧洲瓷器业设计产生了深远的影响。

图 15.9　1930 年斯德哥尔摩世博会古斯塔夫伯格公司展区，这些高质量日用陶瓷产品中不少是科格作品

　　织物作为建筑装饰的一个重要手段深受北欧人的喜爱，1937 年瑞典颁布的政策规定公共建筑的财政拨款的 1% 必须用于艺术装饰。国际知名的瑞典纺织品设计师阿斯特丽德·桑佩（Astrid Sampe，1909—2002）以直线图案为设计语汇，将瑞典的家居织物引向现代化，1937 年她在斯德哥尔摩百货店中开设了纺织品设计工作室，受当代艺术的影响，作品包含了大量抽象几何的形式与线条以及用色彩构成的图案。

15.2　芬兰设计的功能美学

　　直到 19 世纪 80 年代芬兰的建筑和室内才受到国际风潮的影响，19 世纪 90 年代包括建筑、设计和艺术领域的作品大量涌现，从中可以找到欧洲和美国新艺术运动和现代主义的身影。赫尔曼·格塞流斯（Herman Gesellius，1874—1916）、阿马斯·林德格伦（Armas Lindgren，1874—1929）和埃里尔·沙里宁（Eliel Saarinen，1873—1950）[3] 组建了芬兰建筑事务所，通过平行墙体、砖砌或瓷砖壁炉、嵌入式沙发与书架等元素构成了世纪之交芬兰室内设计的主要特征。阿克塞利·加伦－卡莱拉（Akseli Gallen-Kallela，1865—1931）是世纪之交芬兰最具影响力的艺术家，其创作突破了芬兰视觉艺术的所有范畴。卡莱拉深受英国莫里斯的影响，结构、装饰和环境构成了他设计的三大要素。他的住宅兼工作室由 13 位乡村木匠按传统建造方式历时一年完成，暴露的木板条内墙、几何形手工家具、嵌入式书架、进入式衣柜再加上象征题材的壁画和铁艺装饰，整个住宅混合着中世纪俄国农舍和芬兰南部石砌教堂的遗风，是芬兰 19 世纪留存下来的最大木构建

图15.10

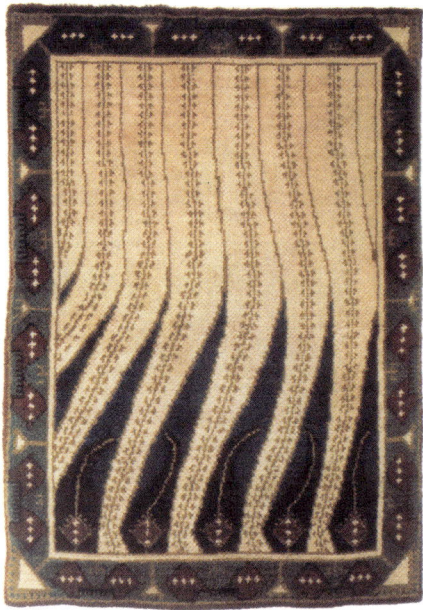

图15.11

图 15.10 "桑泊的抵御"（The Defence of the Sampo），卡莱拉创作于 1896 年，题材出自芬兰民族史诗卡列瓦拉

图 15.11 地毯，卡莱拉设计，1900 年在巴黎世博会芬兰馆中展出

筑之一。瑞典画家和设计师路易斯·斯巴雷（Louis Sparre，1863—1964）是另一个芬兰新精神的代言人，早期作品以芬兰民族浪漫主义和青年风格派著称，他与卡莱拉一起在巴黎学习并共同发起了卡累利阿运动（Karelianism Movement）[4]，成为芬兰国家浪漫主义的标志。

20 世纪芬兰设计异军突起，取得了骄人的成绩，"芬兰设计"几乎成了现代设计的代名词。1900 年巴黎世博会上，芬兰与法国、德国、奥地利、英国及美国建立了文化联系，许多芬兰艺术家和建筑师追随拉斯金的思想，吸收了英国工艺美术运动和意大利文艺复兴的精华，开创了芬兰历史上一个建筑和工业设计的"黄金时代"。1917 年芬兰独立后，功能主义被年轻的共和国当作构建现代民主国家的政治基础，政治变革也波及精神和艺术层面，代表着进步和现代化的思潮大批涌现，并于 1930 年在斯德哥尔摩展览上向世人宣告。

尽管 20 世纪 30 年代芬兰还未成为国际化都市，但建筑和工业设计因紧跟欧美风格而令人刮目相看。阿尔托在 20 世纪 30 年代借鉴了欧美成熟的弯曲木和模压制造技术，探索胶合板家具的工业化生产模式。阿泰克家具公司自 1935 年成立以来专门制造由阿尔托设计的家具和灯饰产品，通过参加世博会让世人了解了芬兰这个地处欧洲边缘的国家，也使得阿尔托在 20 世纪 30 年代率先在本土以外的英国和美国一举成名，成为芬兰战后国际化设计进程的先驱者。

活跃于美国的小沙里宁是另一位从芬兰走出的战后重要的建筑师和家具设计师，他与美国同事查尔斯·伊姆斯一起将层压板和钢框架作为设计的入手点，研发了许多新的合成材料及其制作技术，并在 1940 年美国纽约

图 15.12　三脚凳，阿尔托设计，座面和凳腿交接处有扇形装饰

图 15.13　扶手椅，1931年，阿尔托设计，采用的胶合板弯曲技术与"帕米奥椅"相同

图15.12　　　　　　　图15.13

图 15.14　玻璃花瓶系列俯视图，1936 年，阿尔托设计，不规则的曲线使人联想到芬兰的天然湖泊形态

图 15.15　1936 年第六届米兰三年展阿泰克公司展出阿尔托夫妇设计的胶合板家具与玻璃日用制品

图 15.16　"郁金香椅"是小沙里宁又一个家具经典之作，诺尔公司于 1955−1957 年间制造，椅子因其造型像郁金香而得名，铝材的支撑基座配上玻璃纤维板模压座面，加上白色闪亮表面令人耳目一新

图15.14

图15.15　　　　　　　图15.16

图 **15.17** 多姆斯扶手椅，1946 年，塔皮奥瓦拉为该学院学生宿舍设计

图 **15.18** 多姆斯扶手椅可方便叠放，实用性强

图15.17   图15.18

现代艺术博物馆举办的"有机设计"展上获得大奖。"胎椅"、"郁金香椅"都是运用玻璃钢或玻璃纤维板模压制成的壳体完成，其有机性被后来的北欧设计师们继承和发扬。

芬兰室内建筑师伊玛里·塔皮奥瓦拉（Ilmari Tapiovaara，1914—1999）是阿尔托思想的追随者，他的设计根植于本土文化，从中世纪和现代大师们的风格中发展出自己独特的美学思想，注重创造人性化的生活环境以及遵循功能主义背后的社会平等原则。塔皮奥瓦拉于芬兰中央工艺美术学院家具设计系毕业，后在赫尔辛基设计与艺术学院学习室内设计，1935 年进入阿尔托的阿泰克公司伦敦工作室工作，毕业后在柯布西耶建筑事务所实习半年，1938 年进入芬兰最大的家具公司阿斯科（Asko）担任设计师和艺术总监。1946 年他为多姆斯（Domus）学院学生宿舍设计的多姆斯椅子是他

图 **15.19** 靠背椅，塔皮奥瓦拉设计，线条简洁流畅，充分展现了层压板弯曲技术的魅力

最经典的家具之一。战后 20 世纪 50 年代和 60 年代塔皮奥瓦拉获得无数国际奖项，其中包括在米兰三年展上连续获得的 6 次金奖，为芬兰和自己赢得了极高的国际声誉。

　　玻璃工业是芬兰最早的传统工业之一，拥有 300 年的历史，许多从他们父辈学习手艺的玻璃吹制工组建了真正的手工艺家庭。威尔卡拉（1915–1985）是二战后芬兰玻璃艺术的引领者，学生时代的他着迷于艺术探险，之后在处于赫尔辛基新古典主义风格中心的中央应用艺术学院（如今的工业艺术大学）就读雕塑模型系。威尔卡拉对学院派的形式从不热心，但他热衷草图，1946 年芬兰著名的伊塔拉玻璃制造公司组织了一次玻璃制品设计大赛，威尔卡拉的参赛作品"蘑菇"（Kantarelli）系列花瓶获得头奖，它们形如蘑菇，帽檐顺势转变为茎，有许多不同的形式，在尊重自然结构的前提下保持着各自独立的抽象造型，至今仍受到大众的喜爱，成为他最著名的玻璃作品之一。威尔卡拉之后担任伊塔拉公司的主设计师，与之保持着

图 15.20 "蘑菇"玻璃花瓶，1946 年，威尔卡拉设计，该玻璃花瓶系列是他最重要的作品之一

图 15.21 1951 年米兰三年展芬兰展区由威尔卡拉和其他展览设计获奖者共同设计

图15.22

图15.23

图15.22 木质盘，1951年，桦木层压板制成，威尔卡拉设计

图15.23 "Kilta" 陶瓷餐具系列，卡伊·弗朗克设计，以新婚的年轻人为主要消费群体，造型简约大方，可组合选用

长期合作关系，20 世纪 50 年代他探索出一种基于结构主义和光学感应的几何化线条，用于庆祝芬兰玻璃工业诞生 275 年的系列玻璃品设计上。值得一提的是威尔卡拉在展览设计方面也颇有成就，曾 7 次策划和组织米兰三年展，拥有丰富的展示设计经验。

卡伊·弗朗克（Kaj Frank，1911—1989）是二战后引领芬兰玻璃和陶艺的另一个重要人物，他与威尔卡拉、蒂莫·萨尔帕内瓦（Timo Sarpaneva，1926—2006）一起被视为战后芬兰现代主义设计的中心人物。1929—1932 年卡伊·弗朗克在赫尔辛基中央工业艺术学院学习家具设计，毕业后从事灯具与纺织品设计，与多家玻璃陶瓷公司合作。1946 年他开始为伊塔拉公司工作，第一个成功作品是 1948 年为战后新婚夫妇设计的低价组合陶质餐具系列"基尔特"（Kilta）。1950 年转入另一家芬兰著名玻璃公司努塔耶尔维（Nuutajarvi），同年设计制造了由纯净玻璃吹制的玻璃花瓶，显示了设计师对于简炼而造型生动的艺术品的鉴赏和塑形能力，为芬兰的玻璃与瓷器业的未来起到了重要的引导作用。

由于环境的因素，芬兰的文化具有一定的边缘性，无论建筑还是家具设计，芬兰设计都没有受巴洛克、洛可可等设计思潮的影响，始终保持了朴素自然的设计风格，即使曾经盛行一时的瑞典风格仍然遵循着功能至上的原则。芬兰设计的本质是为生活而设计，以实用简洁、美观创新为原则，其设计深入到人们生活的每一个角落。

15.3　手工家具：丹麦设计的灵魂

　　丹麦直到 17 世纪中叶仍是瑞典王国的一部分，19 世纪 80 年代丹麦在政治、经济、社会方面发生了剧变，1885 年设计博物馆的诞生将丹麦日新月异的工业艺术推向了市场，3 年后陶瓷和家具用品在哥本哈根举办的斯堪的纳维亚工业、农业和艺术展上亮相于众。继庞贝风格风靡一段时间后，1860–1880 年间出现的国家浪漫主义成为诸多新古典主义风格的回应。哥本哈根市政厅（1892–1905）及其室内是 19 世纪晚期丹麦最富创新精神的建筑师马丁·尼罗普（Martin Nyrop, 1849–1921）的作品。作为国家浪漫主义建筑最重要的代表人物之一，尼罗普秉承了意大利文艺复兴以及古老的斯堪的纳维亚本土风格，他反对当时盛行的建筑粉墙，注重砖、木和板岩等材料的真实表达，形成一种突显精湛工艺和材料肌理的个性化造型语言，而他的家具与纺织品设计则具有国际风格。

　　进入 20 世纪，丹麦继续以手工艺为本，强调建筑师、室内建筑师和木匠之间的多领域交叉。丹麦设计概念成型于 20 世纪初期的 10 年中，20 年代受德国包豪斯的影响，其风格与功能主义相比更强调有机的形态和对功能的尊重。

　　二战后经济技术的发展促使丹麦设计特别是家具业迅速繁荣起来，柚木家具在世界各地特别是在美国和英国获得了巨大成功。在工匠、艺术家和建筑师互相影响和合作下，也由于工业化起步较晚，丹麦涌现出韦格纳等一批世界级设计大师，从某种意义上说，丹麦家具设计俨然成了北欧现代设计的代名词。

　　丹麦建筑师彼泽·威廉·延森－克林特（Peder Vilhelm Jensen– Klint, 1853–1930）潜心研究丹麦古老民俗建筑传统，其成果后来成为 Bedre Byggeskik 学院的学术基础。他力推丹麦早期手工技艺的美学复兴，也设计

图15.24

图15.25

图 15.24　小克林特在 20 世纪 40 年代与他儿子共同设计了这一对表面涂塑的折叠纸灯罩，以最少的材料达成最合理的结构，价廉物美，颇受欢迎

图 15.25　旅行椅，1933 年，简洁朴实，注重实效，是小克林特的家具代表作之一

家具，而他儿子卡雷·克林特（Kaare Klint，1888–1954）成为丹麦室内和家具设计的先锋。小克林特从小习画，年轻时在哥本哈根工业学校学习建筑，师从父亲和卡尔·彼得森（Carl Petersen），1913 年他成为一名家具设计师，探索功能性与传统风格的结合。20 世纪 30 年代小克林特在家具设计实践和理论研究上取得了重大成就，他收集了大量来自不同时代和地域的传统家具并系统剖析它们的结构比例、造型特征和文化内涵，还终其一生对人体比例进行了科学的测量与分析。小克林特的研究最终促成了"功能性家具"理念的生成，他由此被视为第一个将设计建立在纯理性基础上的丹麦家具设计师。在小克林特的倡导和组织下，哥本哈根皇家艺术学院成立了家具设计系，至 20 世纪中期小克林特已成为丹麦颇有影响的设计教育家。

阿尔内·雅各布森享有丹麦设计教父之称，他的国际影响力为战后丹麦设计走向世界奠定了基础。雅各布森最初为一家技术学校的泥瓦匠学徒，之后进入哥本哈根皇家艺术学院接受建筑教育。1930 年雅各布森独立开业，作品深受现代主义大师柯布西耶、密斯和阿斯普隆德的影响。作为建筑师，他将建筑视作内外环境的统一体，家具、灯具、织物和餐具等一切居家用品都是建筑的"衍生物"。20 世纪 50 年代雅各布森与丹麦家具商合作，从事家具和产品设计，代表作品有家喻户晓的"蚁椅"、"天鹅椅"和"蛋形椅"等，它们至今仍畅销不衰。受美国伊姆斯的影响，雅各布森使用成型胶合板和玻璃纤维制作家具，显示出他独特的设计天分和有机的美学观。

二战后丹麦家具界的三位领军人物伯厄·莫恩森（Børge Mogensen，1914–1972）、汉斯·韦格纳和芬恩·尤尔（Finn Juhl，1912–1989）是丹麦现代主义运动的引领者和推动者。作为小克林特的学生，莫恩森是"丹麦设计"一代家具设计师中最重要的人物之一，他的设计立足于当代生活，历经半个世纪仍深受欢迎。莫恩森最初为木工学徒，1936–1941 年先后在哥本哈根工艺美术学院和哥本哈根皇家美术学院家具系接受正规教育，自

图 15.26 三腿"蚁椅"，1951–1952 年，雅各布森设计，历史上最畅销椅子之一

1950 年独立开业后，他的作品几乎每年都参加丹麦木匠协会的年度家具展，1949 年完成的椅子被评论家戏称为"未来家具模型"。

　　丹麦家具设计巨匠汉斯·韦格纳致力于将工艺技术、传统文脉和现代生活融合起来，其独特的风格带动了 20 世纪 50 年代室内的流行风尚。他一生创作了 500 张椅子，其中许多成为了经典之作。在他眼里，椅子没有正背面之分，所有的角度都同等重要。韦格纳最先从家具木工学徒做起，后到哥本哈根建筑学院和哥本哈根美术学院继续深造，毕业后曾在雅各布森的事务所工作了一段时间，1943 年独立开业。在战后 10 年间，韦格纳与约翰纳斯·汉森家具公司合作，不断推出系列新款椅子。中国主义对于韦格纳有着非常特殊的意义，他从研究古老中国椅开始了他的设计生涯，并以"中国椅"系列作品而闻名。此后数十年，韦格纳的作品越发成熟，其结构与品质汇合了丹麦本国高超的木工技术和传统风格，1951 年他与尤尔、威尔卡拉一起因对北欧国家作出巨大贡献而被授予北欧设计的"诺贝尔奖"——伦宁奖（The Lunning Prize）。[5]

图 **15.27**　中国椅，1946 年，韦格纳设计，集中国传统家具神韵与丹麦本国风格于一体，是韦格纳最重要的代表作之一

图 **15.28**　DA 椅，1948 年，韦格纳设计，椅背与椅座为两块独立的弯曲胶合板，弧线形设计舒适而有现代感

图15.27　　　　　　图15.28

　　芬恩·尤尔的设计包含建筑、室内和家具设计等多个领域，但最为著名的还是家具，以富有动感的有机形态著称，获得了较高的国际知名度。由于母亲早逝，尤尔从小培养了独立坚强的性格，在他兄弟的资助下，尤尔顺利完成丹麦皇家艺术学院的建筑课程，毕业后在一家建筑事务所作了 10 年学徒。1945 年尤尔创立了自己的设计公司，从事家具和室内设计，他不断打破既有的家具审美模式，努力创新，充分展现了材料的内涵与品质。20 世纪 50 年代尤尔荣获诸多国际奖项，曾获得米兰三年展 5 次金奖。自 1945 年起尤尔担任丹麦技术学院室内设计系的学术带头人，为丹麦设计的发展起着积极的引领作用。

图 15.29 鹈鹕鸟状扶手椅（Pelikam Chair），1940 年，尤尔设计，椅腿粗短，扶手酷似翅膀，夸张有趣的椅子造型令人难忘

图 15.30 1930 年斯德哥尔摩展览会上的室内一角，不锈钢管家具和朴素单纯的室内风格明显受到同时代包豪斯和柯布西耶思想的影响

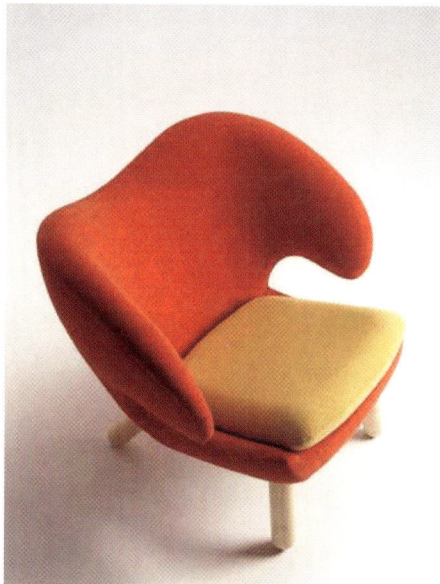

图15.29

图15.30

15.4 北欧设计风格的成因与推手

倡导手工艺精神的英国工艺美术运动在北欧地区产生了强烈影响。20 世纪 20 年代手工艺传统和散发着浪漫情怀的新古典主义全面复兴，然而刚刚抬头的欧洲经济受到二战的冲击，材料和能源的匮乏以及消费能力的减弱都刺激着战后工业生产的快速发展并催生标准化的生产模式，公众对产品的审美需求也促进了设计师才华和价值的体现。在这种背景下，北欧设计师们致力于将传统手工艺与机械化生产的结合，在注重功能和理性的同时也顺应北欧人崇尚自然的生活理念。

形式简单而富有人情味是北欧现代设计风格的一大特征。北欧因气候寒冷、自然资源丰厚而大量采用当地木材制作家具，相比那些冷峻的钢管家具来说，北欧家具要温和亲切许多。同样是简单，欧洲现代家具在追求几何造型的过程中难免会陷入僵化呆板的泥潭，且材料的加工和接合必须依赖工厂复杂的金工技术完成，北欧家具结构严谨，偏爱自然材料，木、藤、棉、麻等被赋予了新的生命，形式和装饰的节制表达了对传统工艺的尊重和对大自然的景仰。北欧风格的形成，一方面归因于北欧国家工业化进程缓慢，稀少的人口对于住宅或家具市场的需求量小；另一方面丹麦、芬兰等国家不乏优秀木匠，他们传承了家具手工艺传统，强调设计中的手工艺品质。以阿尔托、小克林特及韦格纳等为代表的家具设计师对人体工效学进行过系统深入的研究，这使得北欧设计在关注人性化问题的同时也强调使用的舒适性。

北欧现代设计是社会生活的一种视觉表达，在丹麦，设计不是一种风格式样，而是一次解决问题的过程，设计通过产品的美学价值呈现，设计师没有直接从造型入手，而是选用最便捷的方法去解决问题，并尽可能顺应事物的内在规律。在韦格纳看来，设计的过程就是伴随着思维不断净化、材料工艺最小化、最优化的过程，这种谦逊反思的态度正是北欧设计中人性主义的根源。

由政府发起或自发组成的设计协会或团体是推动北欧现代设计运动的主力军。由艺术家、设计师、制造商们共同参与的行业协会和组织在 19 世纪晚期和 20 世界初期纷纷成立，如瑞典工业设计协会（1845）、芬兰手工艺与设计协会（1875）、丹麦手工艺与艺术工业设计协会（1907）、挪威手工艺和艺术工业设计协会（1918）等，这些组织意在通过提高本国的手工制品与工业产品的设计水准来提升整个社会和大众的审美品位。

瑞典工业设计协会是北欧设计协会中成立最早、影响最大的组织，它吸取了德意志制造联盟的成功经验，为企业推荐大批优秀人才，举办各种家居展览，尤为重要的是它将设计与国内的社会民主政治活动紧密联系在一起。1930 年协会策划和举办的斯德哥尔摩世博会成为瑞典现代设计一个重要转折点，在此次盛会上，瑞典建筑界的先锋们阿斯普隆德、斯文·戈德弗里德·马克柳斯（Sven Gottfrid Markelius，1889－1972）等第一次全面展示了瑞典功能主义建筑，瑞典设计师对批量生产的大众化住宅和家居品也表现了强烈的兴趣。二战后协会协助家具设计师研究家具设计的理想尺度。

丹麦家具能够引领世界现代家具潮流与 1926 成立的丹麦木工行业协会是分不开的。在丹麦家具界，木匠与设计师们的合作相当普及，1927 年丹麦优秀木工制品展在哥本哈根应用艺术博物馆举办，主办方希望借由展览的公众效应来遏制家具进口量并扭转家具质量偏低的现状。这个代表丹麦木工行业最高水平的展览日后演变为具有国际文化意义的协会年度盛事，许多家具制造商不断介入和调整设计以适应工业化生产，弗里茨·汉森家具制造公司（Fritz Hansen）就率先制作了丹麦第一把工业化生产的座椅——阿尔内·雅各布森 1951 年设计的著名"蚁椅"。

15.5　设计大师的成才轨迹

20 世纪以密斯、柯布西耶、布劳耶、阿尔托等为代表的第一代现代主义设计大师注重理性和功能，对机器美学和几何形式的追求使他们的作品更多的是对时代审美和技术发展的一种挑战和探索，这种宣言式的设计往往对于工业化生产的复杂性、人体工程学及社会购买力等方面缺乏足够的考虑和重视，这就使得许多经典家具名作在实际使用时有着不同程度的问题。在二次大战期间以及战后重建家园的岁月中，严酷的现实迫使许多建筑师和设计师开始关注家具、灯具等设计和生产中的具体问题，投入更多的精力来优化和推动家具和室内设计的发展。

在北欧，大多数家具大师都有过建筑教育背景和学徒经历，除了阿尔托、雅各布森在建筑和家具设计领域成就斐然外，马特松、弗朗克、莫恩森、韦格纳、尤尔也无一例外有着相同的成长经历，这已成为北欧特别是丹麦设计师的一个特有现象。他们早年在家具厂跟随经验丰富的木匠们了解和掌握木材的基本性能和加工技艺，锻炼自己的实战能力，为日后的设计生涯打好基础，他们也不忘向大师们学习，通过在大师事务所实习与大师朝夕相处，以直接有效的方式了解大师的设计思想与工作方法以提高自己的设计能力。此外，拥有自己的设计事务所在北欧比较普遍，它标志着设计师结束了早期知识技能的训练和积累，开始独立创业，完成设计生涯中的一次蜕变。

设计师与工厂的良好互动被看作是北欧现代风格的一个重要标志，许多北欧设计师与一些著名家具或产品制造商保持着良好的长期合作关系。小沙里宁自1946年后与诺尔家具公司合作推出了著名的"胎椅"、"郁金香椅"等；韦格纳在战后十年里与约翰纳斯·汉森家具公司、弗里茨·汉森家具公司等合作制造了包括"中国椅"在内的一系列椅子；而天才设计师威尔卡拉曾担任芬兰伊塔拉玻璃制品公司艺术总监，为后人留下了许多耐人寻味的玻璃艺术品。

不抄袭别人，不重复自己，追求突破是北欧设计师长期活跃于国际舞台的立身之本。设计大师大都志趣广泛，不固守在单一的设计领域，在一门精深的同时表现出令人叹服的跨界能力，他们中许多还在高等学院里担任过教授。被誉为芬兰"达·芬奇"的加伦·卡莱拉是一个全才设计师，作品遍及所有设计领域；同在芬兰的威尔卡拉在设计界特别是玻璃制造业中表现出惊人的设计天分，他还是一位专业级展览设计师，深谙展示空间对于作品精神表达的意义，他为米兰三年展的7次布展大大提升了丹麦设计的国际影响力。

优雅而不媚俗，精致而不奢华，平实舒适的北欧设计在20世纪世界设计潮流中赢得了世人的赞誉。在战争期间和战后年代，北欧设计师们以阿尔托等设计前辈为榜样，怀着对生养自己的土地和民族的一份自豪和感恩，以师徒相承的学艺方式将北欧最优秀的手工艺继承下来，达成了复兴民族文化和传统的理想和责任。这种传承促使北欧涌现出一批国际级的设计先驱，他们对民族和人性的深刻关注、勇于探索和挑战自我的精神给了后来的年青设计师们极大的启示和榜样力量。

注释

1　引自 Respect for Man and Nature:Tapio Wirkkala and his work. Form Function Finland special double issue 2000/3—4:82.

2　汉斯·韦格纳作序.原摘自《1945 年来的设计》费城艺术博物馆.纽约：Rizzoli，1983：119。转引自方海著.现代家具设计的"中国主义"，北京：中国建筑工业出版社，2007：110.

3　三位芬兰建筑师于 1896 年在赫尔辛基成立了现代建筑师事务所，1900 年巴黎世博会上承担了芬兰馆的设计。1905 年林德格伦因担任赫尔辛基技术大学建筑学院院长而离开公司，1907 年公司解散。

4　卡累利阿运动是 19 世纪晚期芬兰公国的文化现象，涉及文学、绘画、诗歌、雕塑等艺术领域，被视作欧洲国家浪漫主义的芬兰版。自 1835 年芬兰民族史诗卡列瓦拉（Kalevala）问世后，由卡列瓦拉民俗家编汇整理的卡列瓦拉文化遗产和历史景观引起了芬兰文化界的好奇，19 世纪末成为芬兰许多艺术和文学作品的创作主流。

5　1952 年丹麦裔美国人弗里德里希·伦宁（Fredrik Lunning，1881—1952）创建了这个设计奖以庆祝他的 70 岁生日。1952—1972 年的 20 年间由斯堪的纳维亚工艺与设计协会组成的评审团每年评出两位北欧优秀的设计师或手艺人，奖金为 15000 美元，这是海外鼓励北欧设计的一个举措。

附 录 Appendix 人工光源发展史简表
The Brief History of Artificial Lights

年份	人工光源发展说明
1850 前	18 世纪里煤油灯、瓦斯灯、家用蜡烛、弧光灯、矿工灯等相继问世
1850	**碳化纸质灯丝。**由英国森德兰的物理学家和化学家斯旺在抽空灯泡里开始试验碳化纸质灯丝
	自动弧光灯。莱昂·傅科（Leon Foucault）发明了能自动互燃的瓦斯棒驱动器，从而使燃烧功率降低，照明更持久。之后合成碳加强了瓦斯棒的可靠性和长寿命。随着第一代蒸汽发动机的改进，极其明亮且昂贵的弧光灯第一次在工厂、火车站及百货店中使用，在 19 世纪末达到顶峰，但自动弧光灯对于家庭则过于明亮和笨拙
	石蜡烛。蜡呈蓝色，燃烧充分，无味，比之前的蜡烛更经济，加入硬脂酸能改进它们的低熔点
	蜡烛对瓦斯。教皇九世下令禁止在圣彼得大教堂里使用煤气灯，因为它的亮度过高会消解蜡烛灯的朝拜效果
1851	**水晶宫。**为举办伦敦国际展，约瑟夫·帕克斯顿（Joseph Paxton）设计建造了一个光线充足的巨型预制铁结构，该结构基于四角的玻璃模数而定制
1854	**白炽电灯泡。**钟表匠海因里希·格贝尔（Heinrich Göbel）尝试用碳化竹质灯丝来开发白炽灯，他的灯泡电池可长达 400h，被采用在他纽约的商店橱窗照明中。1893 年美国法院承认他的发明先于爱迪生
1856	**碳棒灯。**亚历山大·德·洛俊（Alexander de Lodyguine ）在氮气灯泡里用石墨生产出白炽灯。1872 年 200 个碳棒灯安装于圣彼得堡港口。由于瓦斯不纯或真空度不够，它们只有 12 小时的寿命
	瓦斯放电。迈克尔·法拉第（Michael Faraday）观察到纯净瓦斯能放出电光，导致第三种电力照明类型——放电灯的产生
1858	**弧光灯。**英国东南部港口多佛的灯塔装设了弧光灯，可视度达 115.87km（72 英里）以外。在迈克尔·法拉第的指导下，这是弧光灯第一次运用于磁电动力
1859	**荧光灯。**亚历山大·贝克瑞尔（Alexandre Becquerel）通过在放电管外涂上发亮物质的实验来研究荧光和磷光现象。1867 年他发表了接近当今荧光灯管制造原理的理论
1860	**研制灯泡。**斯旺用纸质灯丝来论证白炽灯泡，由于缺乏足够的真空条件和充足的电力供应导致试验物寿命短、照明弱等不足
1864	**电流。**詹姆斯·克拉克·麦克斯韦（James Clark Maxwell）发展和阐述了电动机设计基础的电力学和磁力学理论
1865	**真空灯泡。**赫尔曼·施普伦格尔（Hermann Sprengel）发明了能容纳至少 10Pa 标准大气压力的水银真空灯泡，低于先前 100 倍，使电力灯泡成为可能
1866	**发电机。**维尔纳·冯·西门子（Ernst Werner von Siemens）设计了一种简易价廉的发电机。他和合伙者一起用电磁铁、电枢和其他改良技术代替了永久磁铁，研发出有效实用的发电机，成为现代发电机之父。19 世纪 70 年代电流成为可行和负担得起的动力能源，为照明和其他电动设备供能
1868	**瓦斯交通信号灯。**世界上第一个红绿交通信号灯设在伦敦新宫花园。该灯通常显示绿色，提醒步行者注意，同时提醒司机在这地点放慢速度

续表

年份	人工光源发展说明
1874	**加拿大灯具专利。**在多伦多，亨利·伍德沃德（Henry Woodward）和马修·埃文斯（Mathew Evans）制造了用碳在充氮玻璃灯泡里发电的白炽灯泡，并获得加拿大专利，当发现他们的发明不可能带来财政支持时，于 1875 年向爱迪生出售了部分专利权
1875	**工厂弧光灯。**首次在工厂中使用弧光灯
1876	**"电蜡烛"。**保罗·亚布洛奇科夫（Paul Jablochkoff）发明了被称为"电蜡烛"的首个碳丝弧光灯，平均寿命 90 分钟。1893 年由威廉·杨杜斯（William Jandus）和路易斯·马克斯（Louis Marks）用降低碳丝燃烧速度来使灯泡延长寿命达到 150 小时
1877	**"亚布洛奇科夫弧光灯"。**被装设于巴黎的歌剧院和卢浮宫里。它们广泛用于街道照明，比瓦斯灯亮 12～15 倍，通常间隔 28～33m。1880 年柏林菩提树大街装设此灯，间距 130m
1878	**白炽灯泡。**斯旺研制了第一代白炽灯，尽管几分钟就燃烧完，但奠定了以后电灯泡的基础
1878	**水力弧光灯。**威廉·阿姆斯壮（William Armstrong）用水力弧光灯照明他的画廊，这是此灯第一次在实际中运用
1878	**灯光城**（La Ville Lumiere）。在巴黎世博会上，亚布洛奇科夫弧光灯和其他形式的弧光灯博得大众的好评，使巴黎成为灯光不夜城
1878	**煤气树枝形吊灯。**用于巴黎新歌剧院，有 556 个燃点。巴黎装设了 9200 个明火的煤气灯（覆盖物还未设计出），25 公里长的管道由 714 个煤气阀门控制
1879	**碳丝灯。**斯旺首次在白炽灯泡中使用碳质灯丝，并将灯泡安装于自家住宅
1879	**艺术弧光灯。**巴黎沙龙安装了亚布洛奇科夫弧光灯，令艺术家们惊愕不已
1880	**白炽灯照明。**阿姆斯壮的住宅中采用了 45 个斯旺的白炽灯，其中 8 个用于书房和餐厅，20 个用于画廊。白炽灯所发出的光优于弧光灯，稳定无噪声、不眩目、没有暗区、显色性强，特别适用于家庭照明
1880	**光管。**威廉·惠勒（William Wheeler）发明了灯光可以转移的"灯管"来完成他的自宅照明
1880	**竹质灯丝。**爱迪生装设一个寿命可达 1200 小时的电热丝，灯丝为竹质
1881	**实用安装。**斯旺的白炽灯安装于城堡和街道
1881	**巴黎电气博览会。**白炽灯照明在第一届巴黎电气展览中亮相，成为适用于小型室内空间的煤气灯照明的有力竞争者，也是对适用于大型室内外公共空间的弧光灯照明的挑战。展出的照明系统来自于英国的斯旺和乔治·莱恩－福克斯（St.George Lane-Fox）以及美国的爱迪生。巴黎歌剧院采用了斯旺的白炽灯，建筑师夏尔·加尼埃（Charles Garnier）将这一照明系统作为歌剧院外墙的永久照明
1881	**伦敦塞沃剧院**（Savoy Theatre）。塞沃剧院是第一个采用白炽灯照明的公共建筑，安装了 1158 个斯旺的白炽灯，其中舞台 824 个，观众厅 114 个，其他空间 220 个。电力由剧院动力设备间的 6 台西门子蒸汽发动机产生 120 马力供给。《时代》周刊对此作了详细报道和评价，称新一代的照明方式已形成，视觉效果优于煤气灯
1881	**街道照明。**斯旺的白炽灯和爱迪生的弧光灯第一次由水轮驱动的中央发电站供电

续表

年份	人工光源发展说明
1882	**电力公司**。斯旺在庭外处理了爱迪生专利侵权问题，爱迪生将斯旺作为他英国电力事业的合伙人，他们于1883年成立了爱迪生-斯旺联合电力公司，实质上爱迪生获得了斯旺所有公司利益
	电力供给。爱迪生在伦敦铺装了世界上第一条公共集中电力供给系统（蒸汽发电机），还在纽约装设了集中发电站，为85个客户供电
	圣诞树照明。爱迪生公司副总裁爱德华·约翰逊（Edward Johnson）用80个电灯为自家的圣诞树照明。1895年白宫前的圣诞树首次用电灯来照明，1901年圣诞树照明运用于商业
	碳丝制造。列维斯·拉蒂默（Lewis Latimer）申请了碳质灯丝的生产专利，是爱迪生技术的改良版
1883	**发电站**。在米兰建立第一个欧洲大陆的中央发电站
1884	**喷泉照明**。弗朗西斯·博尔顿（Francis Bolton）为伦敦国际健康展设计了带照明的喷泉装置
1885	**白炽灯煤气罩**。卡尔·奥尔·冯·韦尔斯巴赫（Carl Auer von Welsbach）发现使用煤气罩可产生一种比电灯泡更为明亮白色的光，且煤气量不大
1887	**白炽街道灯**。伦敦第一条街安装了白炽灯照明
1889	**灯塔**。埃菲尔铁塔在巴黎世博会上被成千上万的点状灯泡勾勒出轮廓，成为夜景中的一道亮丽风景线
1893	**低压放射灯**。尼古拉·特斯拉（Nikola Tesla）发明了无线低压煤气放射灯
1895	**电影摄影技术**。
	X射线。威廉·伦琴（Wilhelm Röntgen）发明了X射线，它们能穿透大多数实心物体，与可视光穿透玻璃的原理相同
	大型发电机。首个大型中央发电站在尼亚加拉大瀑布开设
1896	**放射灯**。丹尼尔·麦克法兰·摩尔（Daniel McFarlan Moore）发明了一种充氮气或碳氧化物的高压放射灯，灯管可长达60m，能发出接近日光的光色
1897	**金属灯丝**。威尔士巴赫研制了以高熔点钽灯丝为原料的金属丝灯泡。这是一次意义重大的改进，发出更强的光而灯泡变黑较以往少。钽灯由于制作难度大成本高，直到1902年才投入生产
	瓦斯转换灯。白炽瓦斯转换灯更有效、更持久，自1900年它开始普及化，20年后大量生产
1898	**氖气**。威廉·拉姆齐（William Ramsey）和莫里斯·特拉弗斯（Morris Travers）发现了氖气（希腊语表示"新"），一种有名的惰性气体。电流经过充满氖气的真空玻璃管时会发出明亮的橘红色
1901	**低压汞蒸汽灯**。彼得·库珀·休伊特（Peter Cooper Hewitt）用少量汞装入玻璃管进行试验，电流经过时发出强烈的蓝白色光，摩尔管需要紫色过滤器，是当今荧光灯的原型，直到1927年出现了充满瓦斯的钨丝灯后才被淘汰
1903	**金属涂层的碳质灯丝**。威利斯·惠特尼（Willis R.Whitney）发明了一种不会使灯泡变黑并提高效率的金属涂层碳质灯丝，于1904年投放市场
	打火机。韦尔斯巴赫发明了我们今天很熟悉的打火机，是由一种撞击后出现火花的燧石制成，此产品于1907年投入生产
1905	**钨丝灯**。汉斯·库策尔（Hans Kuzel）研制了第一代钨丝灯，它们的寿命达到100小时，是碳丝灯的双倍效率
	钨丝灯专利。西门子和其同伴发现了一种可将钨丝用于白炽灯泡的合金，代替了所有其他技术
1907	**霓虹灯**。乔治·克劳德（George Claude）和卡尔·冯·林德（Carl von Linde）在巴黎研制出霓虹灯。第一根霓虹灯管为红色，1925年蓝色和绿色相继出现，1933年包裹霓虹的荧光灯管和汞放电灯可发出全新色系的光色

续表

年份	人工光源发展说明
1907	**电致发光**。亨利·约瑟夫·朗德（Herny Joseph Round）第一次观察到硅碳化物现象
1909	**格拉斯哥艺术学院**。麦金托什在苏格兰建造了第一座用电照明的建筑
1910	**拉线钨丝**。新的钨丝灯每伏 10 个流明，由通用电气公司投放市场。拉线钨丝努力消除来自瓦斯灯的竞争。瓦斯街道灯被电灯泡替换
1912	**卷状钨丝**。钨丝卷曲以减少热量损失，1933 年用于住宅照明
	法古斯工厂。格罗皮乌斯在工厂南立面转角处装设了玻璃幕墙，打破了传统界面的封闭性
1924	**电流**。燃油灯比石蜡更廉价，燃油灯被更明亮、更高效的灯泡所代替
1925	**磨砂灯泡**。灯泡内表面通过酸蚀处理或用砂灯磨制造磨砂效果来控制光照度
1926	**荧光灯**。德国照明专家欧司朗公司（现为西门子集团的重要成员，世界两大电光源制造商之一）的弗里德里希·迈耶（Friedrich Meyer）、埃德蒙·格尔默（Edmund Germer）、汉斯·斯邦纳（Hans Spanner）成为荧光灯管的先驱，他们使之在低压下产生高功率。1932 年这种灯管被涂以氧化物涂层投放于商业用途
1927	**充瓦斯的钨丝灯**。通用电气公司引入了"等离子"概念，使瓦斯气体离子化，充瓦斯的钨灯被发明出来
1929	**德国馆**。密斯为巴塞罗那国际展设计建造了一个由雾状玻璃墙分隔空间的完全独立的德国展馆，这是展览中唯一使用人工照明的建筑物
1930	**闪光灯**。约翰内斯·奥斯特迈尔（Johannes Ostermeier）发明了闪光灯。在这类灯泡里，小灯丝发热点燃金属片发出一种无烟明亮的闪光，它替代了用于摄影照明的闪光粉
1932	**低压钠灯**。充满钠蒸汽，在低温中发出琥珀色，是所有灯光种类中最高效的一款。荷兰和英国伦敦首次将其运用于商业中
	霓虹灯广告。在伦敦安装了著名的户外霓虹灯广告
1934	**高压汞灯**。格尔默发展了一种灯色改进、能耗降低并且比低压汞弧光灯发热小的高压汞灯，在小型空间中威力十足
1935	**应用型荧光灯**。通用电气公司研发了第一代应用型荧光灯管，被首先安装于美国华盛顿的专利局办公室。1938 年通用电气公司将这一产品亮相于纽约世博会中。欧司朗和菲利浦分别于 1936 年和 1938 年展示他们各自的照明产品。二战期间欧洲公司停止生产
1936	**高压石英汞灯**。由于不充分的红光而最初用于街道和工业用水照明，水冷装置改进了显色性
	强生制蜡大楼。赖特在树状的支撑柱之间敷设了照明平顶，七层不同尺度的玻璃管接纳了灯光却阻挡了外部环境的视景
1954	**纤维光学**。早期的玻璃纤维存在传送损失，距离有限

（资料来源：Mark Major, Jonathan Speirs, Anthony Tischhauser. Made of Light：The Art of Light and Architecture. Basel：Birkhäuser，2005.4-9. 作者翻译整理）

致 谢
Acknowledgements

　　本书的完成得到了许多人的支持和帮助，首先要感谢同济大学建筑系室内设计专业的创办人来增祥教授、庄荣教授、薛文广教授等老一辈学者，正是他们的谆谆教导和指引，使我从 20 多年前一个懵懵懂懂的大学生成长为一名室内专业的教育工作者。感谢来教授对本书所作的指点和作序。感谢同济大学建筑系主任常青教授及建筑系副主任蔡永洁教授对我设计史教学的支持和关心，感谢同济大学建筑城规学院前任院长吴志强教授以及李振宇前副院长对我出国深造的大力支持，这段宝贵的欧洲经历使我对大师作品有了更深刻的接触和理解。感谢学院图书馆的顾正丰老师和刘雨婷博士在我资料收集过程中给予的大力帮助，也感谢德国和美国的教授和友人，他们是 Prof. Peter Herrle，Prof. Peter Berten，Prof. James Warfield，Prof. Stanford Anderson and Mrs. Nancy Royal，Prof. Ralph Kaminsky and Mrs. Hester Diamond，Victor Tousignant。

　　《家具主张》主编上官消波先生和吴雅仙女士、蒲仪军博士生、留德硕士焦春峰以及卢永毅教授在我写作初期给予了资料帮助，宋冰清、董艺、蒋春倩、王晋等硕士对书中部分章节做了文献翻译和整理，王凯博士为译各校对提供了帮助，感谢台湾著名建筑师登琨艳先生多年来对我的关心与指点，感谢《室内设计与装修》原副社长赵毓玲老师、《室内设计师》徐纺主编、《设计家》许晓东主编、《当代设计》黄小石总编等以及原上海当代艺术馆艺术教育部曹咏洁女士的热心帮助。此外感谢同济建筑城规学院吴长福院长及共事多年的同事们，正是团队的协作和互助坚定了我战胜困难的勇气和信心。我还要特别感谢本书责任编辑陈桦女士及其他工作人员为本书的出版付出的辛劳，他们的敬业使得本书以更完美的形象呈现给读者。

　　最后要感谢的是我的父母和家人，他们默默的奉献和一如既往的支持给了我完成此书的决心和力量。

图片来源
Picture Sources

图 1.1　家居主张．上海辞书出版社，2007（2）．

图 1.2　Rob Nijsse.Glass in Structures: Elements，Concepts，Designs[M]. Basel: Birkhäuser，2003.

图 1.3，1.4，1.15，1.16　史蒂芬·科罗维著．世界建筑细部风格设计百科 [M]．刘念雄、邵磊译．沈阳：辽宁科学技术出版社，2002.

图 1.5—1.12　程明主编．世界室内设计细部图集 [M]．上海交通大学出版社，1995.

图 1.13，1.14　产品设计特稿（汉斯格雅公司卫浴博物馆）．艺术与设计 [M]，2007（9）：34-47.

图 1.17　（美）约翰·派尔著．世界室内设计史 [M]．刘先觉等译．北京：中国建筑工业出版社，2003.

图 2.1　http://cn.zooomr.com/photos/ontheroad

图 2.2，2.3，2.14，2.15．2.18．2.22　作者自摄，2003 年．

图 2.3　作者自摄，2003 年．

图 2.4　Steven Parissien. Pennsylvania Station: Mckim，Mead and White[M]. London: Phaidon Press Ltd，1996.

图 2.5—2.7　Stuart Durant. Palais des Machines Paris: Ferdinand Dutert[M]. London: Phaidon Press Ltd，1994.

图 2.8　Carla Yanni. Nature's Museums: Victorian Science and the Architecture of Display[M]. New York: Princeton Architectural Press，2005.

图 2.9　（美）约翰·派尔著．世界室内设计史 [M]．刘先觉等译．北京：中国建筑工业出版社，2003.

图 2.10—2.11，2.16—2.17，2.19—2.21，2.23—2.24　Text by Kenneth Frampton. Edited and photographed by Yukio Futagawa. Modern Architecture 1851—1919[M]. Tokyo: A.D.A.EDITA Tokyo，2004 2nd reprinted.

图 2.12—2.13　General Editor: Kenneth Frampton. Volume Editor: Wilfried Wang. World Architecture 1900—2000. Volume 3: Northern Europe，Central Europe and Western Europe: A Critical Mosaic[M]. Beijing: China Architecture & Building Press，Wien:Springer Verlage，2000.

图 3.1　江户美人画的魅力——日本浮士绘名作展 [M]．上海美术馆，2007.

图 3.2　John Ruskin. The Seven Lamps of Architecture[M]. New York: Dover

Publications，INC.，1989.

图3.2，3.5—3.7，3.9 Diane Waggoner.The Beauty of Life: William Morris and the Art of Design[M]. London: Thames and Hudson，2003.

图3.10 Pamela Todd，Chris Tubbs.William Morris and the Arts and Crafts Home[M]. San Francisco: Chronicle Books，2005.

图3.8，3.14，3.15，3.19 Charlotte & Peter Fiell，Simone Philippi.1000 chair[M]. köln: Taschen，2nd edition，2000.

图3.11—3.13 Wendy Hitchmough.The Homestead: CFA Voysey[M]. London: Phaidon Press Ltd，1994.

图3.16—3.18 Edward R. Bosley. Gamble House: Greene and Greene[M]. London: Phaidon Press Ltd，New edition，2002.

图4.1—4.13 Lionel lambourne. The Aesthetic Movement[M]. London: Phaidon Press Limited，1996.

图4.14 Edited by Joanna Banham. Encyclopedia of Interior Design (2 Volume set)[M]. Chicago: Fitzroy Dearborn Publishers，1997.

图4.15 （美）约翰·派尔著.世界室内设计史 [M]. 刘先觉等译.北京：中国建筑工业出版社，2003.

图5.1 Alan Colquhoun. Modern Architecture[M]. Oxford : Oxford University Press，2002.

图5.2—5.7 Thomas Föhl，Michael Siebenbrodt and others.The Bauhaus-Museum[M]. München，Berlin: Deutscher Kunstverlag，1999.

图5.8 （美）彭妮·斯帕克著.设计百年——20世纪现代设计的先驱 [M]. 李信，黄艳，吕莲，于娜译.北京：中国建筑工业出版社，2005.

图5.9 杨子葆著.世界经典城铁建筑 [M]. 北京：生活·读书·新知三联书店，2006.

图5.10，5.11 刘刚编著.外国玻璃艺术 [M]. 上海：上海书店出版社，2004.

图5.12 Charlotte & Peter Fiell，Simone Philippi.1000 chairs[M]. köln: Taschen，2nd edition，2000.

图5.13，5.18，5.19 Cristina Montes，Aurora Cuito. Gaudi：Complete Works (Gaudi Obra Completa)[M]. Berlin: Feierabend Verlag，OHG，2003.

图5.14—5.16 （西）Daniel Giralt-Miracle. 高迪的世界——建筑，几何和设计 [M]. 马德里：伦沃格出版社 Lunwerg Editores，2007.

图5.17 作者自摄，2003 年.

图6.1 http://www.artchive.com/artchive/B/beardsley

图6.2，6.9 Alan Crawford. Charles Rennie Mackintosh[M]. London: Thames & Hudson Ltd，1995，2002 Reprinted.

图6.3，6.12，6.13 General Editor: Kenneth Frampton Volume Editor: Wilfried Wang. World Architecture 1900-2000: A Critical Mosaic[M]. Volumes 3. Beijing: China Architecture & Building Press，Wien : Springer Verlag，2000.

图6.4，6.7 Elizabeth Wilhide. The Mackintosh Style: Design And Décor[M]. San Francisco: Chronicle Books，1998.

图 6.5,6.6,6.8 查尔斯·伦尼·麦金托什 Charles Rennie Mackintosh[M]. 赵云译. 北京：中国电力出版社，2008.

图 6.10 Charlotte &Peter Fiell. Charles Rennie Mackintosh[M]. Köln: Taschen Verlage GmbH，1995.

图 6.11 Werner Oechs.Otto Wagner，Adolf Loos，and the Road to Modern Architecture[M].West Nyack : Cambridge University Press，2002.

图 6.14 Charlotte & Peter Fiell，Simone Philippi.1000 chairs[M]. Köln: Taschen，2nd edition 2000.

图 6.15 杨子葆著.世界经典城铁建筑 [M]. 北京：生活·读书·新知三联书店，2006.

图 6.16 作者自摄，2003 年

图 6.17，6.19 焦春峰摄，2005 年

图 6.18 Alan Colquhoun. Modern Architecture[M].Oxford: Oxford University Press，2002.

图 6.20,6.22 （英）彭妮·斯帕克著.设计百年——20 世纪现代设计的先驱 [M]. 李信，黄艳，吕莲，于娜译.北京：中国建筑工业出版社，2005.

图 6.21 约翰·派尔著，世界室内设计史 [M]. 刘先觉等译.北京：中国建筑工业出版社，2003.

图 6.23，6.24 Alexander Vegesack .100 Masterpieces from the Vitra Design Museum Collection[M].Vital Learning Corp，1996.

图 7.1 Tal Der Könige. Köln:Verlag Karl Müller GmbH，1996.

图 7.2 Mexiko Archäologischer Reiseführer. Köln:Verlag Karl Müller GmbH，2001.

图 7.3–7.7，7.12，7.18 Edited by Charlotte Benton，Tim Benton and Ghislaine Wood.Art Deco: 1910-1939[M]. Boston: Bulfinch，2003.

图 7.8 Adrian Tinniswood. The Art Deco House[M]. New York: Watson-Guptill，2002.

图 7.9 刘钢编著.外国玻璃艺术 [M].上海：上海书店出版社，2004.

图 7.10 Alastair Duncan. Art Deco Furniture: The French Designers[M]. London: Thames & Hudson，1992.

图 7.11 Edited by Joanna Banham. Encyclopedia of Interior Design (2 Volume set)[M]. Chicago: Fitzroy Dearborn Publishers，1997.

图 7.13–7.17 Alastair Duncan. Art Deco Furniture: The French Designers[M]. London:Thames & Hudson，1992.

图 8.1，8.2，8.6，8.8，8.15，8.18，8.22 Thomas Föhl，Michael Siebenbrodt and others.The Bauhaus- Museum[M]. Müchen. Berlin: Deutscher Kunstverlag，1999.

图 8.3，8.4 作者自摄，2003 年

图 8.7，8.9，8.12–8.14，8.16，8.17，8.19–8.21，8.23 Edited by Michael Siebenbrodt. Bauhaus Weimar Design for the Future[M]. Ostfildern-Ruit: Hatje Cantz Publishers，2001.

图 8.5，8.10 艺术与设计杂志社.包豪斯——大师和学生们 [M]. 北京：中国建筑工业出版社，2006.

图 8.11 Frank Whitford. Bauhaus[M]. London:Thames & Hudson，Reprint edition，1988.

（注：人物肖像主要引自艺术与设计杂志社．包豪斯——大师和学生们．北京：中国建筑工业出版社．(2006) 包豪斯相关网页)

图 9.1，9.3，9.4，9.8，9.9，9.10，9.11　Carla Lind. Frank Lloyd Wright's Fireplaces[M]. San Franciso: Pomegranate Artbooks，1995.

图 9.2　Edited by David Larkin and Bruce Brooks Pfeiffer. Frank Lloyd Wright. The Masterworks[M]. Rizzoli International Publications Inc.，and the Frank Lloyd Wright Foundation.1993 first published，reprinted 2000.

图 9.5，9.7，9.13—9.16　Carla Lind. Frank Lloyd Wright's Dining Rooms[M]. San Franciso: Pomegranate Artbooks，1995.

图 9.6　自摄，2008 年.

图 9.12　Diane Maddex. 50 Favorite Rooms By Frank Lloyd Wright[M]. New York: Harry N.Abrams，2001.

图 9.17，9.18　Doreen Ehrlich. Frank Lloyd Wright Interior Style and Design[M]. Philadelphia: Running Press Book Publishers. 1st edition，2003.

图 9.19　Diane Maddex. Wright-Sized Houses. Frank Lloyd Wright's Solutions for Making Small Houses Feel Big[M]. New York: Harry N.Abrams，2003.

图 10.1，10.4　Bridget May. Nancy Vincent McClelland (1877-1959): Professionalizing Interior Decoration in the Early Twentieth Century[J]. Journal of Design History Vol.21. Oxford University Press，2008: 59-74.

图 10.2　flickr.com/photos/dis-order-ed

图 10.3　Penny Sparke. The 'Ideal' and 'Real' Interior in Elsie de Wolfe's The House in Good Taste of 1913[J]. Journal of Design History Vol.16. Oxford University Press，2003:63-76.

图 10.5　(美)彭妮·斯帕克著．设计百年——20 世纪现代设计的先驱 [M]. 李信，黄艳，吕莲，于娜译.北京：中国建筑工业出版社，2005.

图 10.6　Kathryn Biship Eckert. The Campus Guide: Cranbrook[M]. New York: Princeton Architectural Press，2001.

图 11.1—11.4，11.8，11.9，11.13　(美) 彭妮·斯帕克著．设计百年——20 世纪现代设计的先驱 [M]. 李信，黄艳，吕莲，于娜译.北京：中国建筑工业出版社，2005.

图 11.5　Stanley Baron，Jacques Damase. Sonia Delaunay: The Life of an Artist[M]. New York: Pub Overstock Unlimited Inc，1995.

图 11.6，11.7　Thomas Föhl，Michael Siebenbrodt and others. München，Berlin: The Bauhaus- Museum[M]. Deutscher Kunstverlag，1999.

图 11.10，11.11　Edited by Mary Mcleod. Charlotte Perriand: An Art of living[M]. New York: Harry N.Abrams，Inc. Publishers，in association with The Architectural League of New York，2003.

图 11.12　James Steele. Eames House: Charles and Ray Eames[M]. London: Phaidon Press，2002.

图 11.14　Eric Larrabee，Massimo Vigenelli. Knoll Design[M]. New York: Harry N Abrams. 2nd edition.1990.

图12.1，12.5，12.6　Charlotte & Peter Fiell，Simone Philippi.1000 chairs[M]. köln: Taschen，2nd edition，2000.

图12.2　Alan Crawford. Charles Rennie Mackintosh[M]. London: Thames & Hudson，1995，2002 Reprinted.

图12.3，12.9，12.10，12.12—12.14　Alexander Vegesack，100 Masterpieces from the Vitra Design Museum Collection[M]. Dundee: Vital Learning Corp，1996.

图12.4　Thomas Föhl，Michael Siebenbrodt and others. The Bauhaus-Museum[M]. Müchen，Berlin: Deutscher Kunstverlag，1999.

图12.7　Charlotte Fiell and Peter Fiell. Modern Chairs[M]. köln: Taschen，GmbH，2002.

图12.8，12.11　最美的椅子 [J]. 产品设计 N. 24. 2005. 北京：艺术与设计杂志社.

图12.15　Edited by Mary Mcleod. Charlotte Perriand: An Art of living[M]. New York: Harry N.Abrams，Inc. Publishers，in association with The Architectural League of New York，2003.

图12.16　Christian Pixis and Uta Abendroth. World Design: The Best in Classic and Contemporary Furniture，Fashion，Graphics，and More[M]. San Francisco: Chronicle Books，1999.

图12.17，12.18　（美）彭妮·斯帕克著. 设计百年——20 世纪现代设计的先驱 [M]. 李信，黄艳，吕莲，于娜译. 北京：中国建筑工业出版社，2005.

图12.19，12.21　Alexander Vegesack .100 Masterpieces from the Vitra Design Museum Collection[M]. Dundee: Vital Learning Corp，1996.

图12.20　Jayne Merkel. Eero Saarinen. London: Phaidon，2005.

图12.22　http://en.wikipedia.org/wiki/Frankfurt kitchen

图13.1—13.7，13.9　Mark Major，Jonathan Speirs，Anthony Tischhauser. Made of Light: The Art of Light and Architecture[M]. Basel: Birkhaeuser-Publishers for Architecture，2005.

图13.8　作者自摄，2003 年.

图13.10，13.12，13.13　光明使者——19 世纪以来百款灯盏展览 [J]. 家居主张 2006（9）.上海：上海辞书出版社.

图13.11　Thomas Föhl，Michael Siebenbrodt and others. The Bauhaus-Museum[M]. Müchen，Berlin: Deutscher Kunstverlag，1999.

图13.14，13.15，13.20　光明使者——19 世纪以来百款灯盏展览 [J]. 家居主张.上海辞书出版社，2007（1）.

图13.16—13.18　家居主张.上海辞书出版社，2006（12）.

图13.19，13.21　家居主张.上海辞书出版社，2007（2）.

图13.22　家居主张.上海辞书出版社，2007（3）.

图13.23　家居主张.上海辞书出版社，2007（5）.

图13.24，13.25　家居主张.上海辞书出版社，2007（4）.

图13.26，13.27，13.28　家居主张.上海辞书出版社，2007（7）.

图13.29　家居主张.上海辞书出版社，2008（1）.

图13.30，13.31　家居主张.上海辞书出版社，2007（8）.

图13.32　家居主张.上海辞书出版社，2007（9）.

图14.1—14.3　General Editor: Kenneth Frampton. Volume Editor: Wilfried Wang.

World Architecture 1900-2000. Volume 3: Northern Europe，Central Europe and Western Europe: a Critical Mosaic[M]. Beijing: China Architecture & Building Press Wien: Springer -Verlag，2000.

图 14.4—14.7　George H. Marcus. Le Corbusier: Inside the Machine for Living[M]. New York: The Monacelli Press，Inc.，2001.

图 14.8　作者自摄，2003 年

图 14.9，14.10，14.16—14.19　Text by Kenneth Frampton，Edited and photographed by Yukio Futagawa. Modern Architecture 1920—1945[M]. Tokyo: A.D.A.EDITA Tokyo，2004 2nd reprinted.

图 14.11，14.12　Hans Engels，Ulf Meyer. Bauhaus-Architecture/Bauhaus-Architektur: 1919—1933[M]. München New York: Prestel Publishing，2001.

图 14.13—14.15　Alan Colquhoun. Modern Architecture[M]. Oxford :Oxford University Press，2002.

图 15.1，15.2　Text by kenneth Frampton，Edited and photographed by Yukio Futagawa. Modern Architecture 1920-1945[M]. Tokyo：A.D.A. EDITA Tokyo. 2004.2nd reprinted.

图 15.4—15.7，15.8，15.9，15.24—15.28，15.30　（美）彭妮·斯帕克著．设计百年——20 世纪现代设计的先驱 [M]. 李信，黄艳，吕莲，于娜译．北京：中国建筑工业出版社，2005.

图 15.3　http://www.scandinavian design.com

图 15.10　http://en.wikipedia.org/wiki/AKSeli-Gallen- Kallela

图 15.11　Pekka Suhonen.Respect for Man and Nature: Tapio Wirkkala and His Work[J]. Form Function Finland special double issue 79-80，2000（3-4）：54-82.

图 15.12—15.15，15.17—15.19，15.21—15.23　Marianne Aav and Nina Stritzler-Levine，Editors. Finnish Modern Design: Utopian Ideals and Every day Realities，1930—1997[M]. New Haven and London: The Bard Graduate Center for Studies in the Decorative Arts and Yale University Press，1998.

图 15.16　Eric Larrabee，Massimo Vignelli. Knoll Design[M]. New York: Harry N. Abrams，2nd edition，2000.

图 15.20　Toimittanut Anne Stenros. Visioita.Moderni suomalainen muotoilu[J]. Otava，1999.

图 15.29　www.finnjuhl.com

译名对照表
Name Translation

参考文献
Literature

外文书籍

[1] **Adrian** Tinniswood. The Art Deco House[M]. New York: Watson-Guptill, 2002.

[2] **Alan** Colquhoun. Modern Architecture[M]. Oxford : Oxford University Press, 2002.

[3] **Alan** Crawford. Charles Rennie Mackintosh[M]. London: Thames & Hudson Ltd, 1995, 2002 Reprinted.

[4] **Alastair** Duncan. Art Deco Furniture: The French Designers[M]. London: Thames & Hudson, 1992.

[5] **Alexander** Vegesack. 100 Masterpieces from the Vitra Design Museum Collection[M]. Dundee: Vital Learning Corp, 1996 .

[6] **Allen** Tate, C. Ray Smith. Interior Design in the 20th Century[M]. New York: Harpercollins College Div, 1986.

[7] **Amelia** Peck, Carol Irish. Candace Wheeler: The Art and Enterprise of American Design 1875-1900[M]. New York : Metropolitan Museum of Art, 2001.

[8] **Arne** Jacobsen: Absolutely Modern. Humlebæk: Louisiana Museum of Modern Art, 2003.

[9] **Bauhaus**-Möbel-Eine Legende wird besichtigt. Berlin: Bauhaus-Archiv Museum für. Gestaltung, 2002.

[10] **Carla** Lind. Frank Lloyd Wright's Dining Rooms[M]. San Francisco: Pomegranate Artbooks, 1995.

[11] **Carla** Lind. Frank Lloyd Wright's Fireplaces[M]. San Francisco: Pomegranate Artbooks, 1995.

[12] **Carla** Yanni. Nature's Museums: Victorian Science and the Architecture of Display[M]. New York: Princeton Architectural Press, 2005.

[13] **Caroline** Constant. Eileen Gray[M]. London: Phaidon Press Inc., 2007.

[14] **Charlotte** & Peter Fiell. Charles Rennie Mackintosh[M]. Köln: Taschen Verlage GmbH, 1995.

[15] **Charlotte** & Peter Fiell. Modern Chairs[M]. köln: Taschen GmbH, 2002.

[16] **Charlotte** & Peter Fiell, Simone Philippi. 1000 chairs[M]. köln: Taschen, 2nd edition, 2000.

[17] **Christian** Pixis and Uta Abendroth. World Design: The Best in Classic and Contemporary Furniture, Fashion, Graphics, and More[M]. San Francisco: Chronicle Books, 1999.

[18] **C. Ray Smith.** Interior Design in 20th-Century America: A History[M]. New York: Harpercollins. College Div, 1987.

[19] **Donald** Hoffmann. Wright's Hollyhock House[M]. New York: Dover Publications. 1992.

[20] **Diane** Maddex. 50 Favorite Rooms By Frank Lloyd Wright[M]. New York: Harry N.

Abrams, 2001.

[21] **Diane** Maddex. Wright-Sized Houses. Frank Lloyd Wright's Solutions for Making Small Houses. Feel Big[M]. New York: Harry N. Abrams, 2003.

[22] **Diane** Waggoner. The Beauty of Life: William Morris and the Art of Design[M]. London: Thames and Hudson, 2003.

[23] **Dominique** Vellay. La Maison de Verre: Pierre Chareau's Modernist Masterwork[M]. London: Thames & Hudson, 2007.

[24] **Doreen** Ehrlich. Frank Lloyd Wright Interior Style and Design[M]. Philadelphia: Running Press Book Publishers, 2003.

[25] **Doreen** Ehrlich. Frank Lloyd Wright at a Glance: Usonian Houses[M]. Canton: PRC Publishing, 2004.

[26] **Edited** by Charlotte Benton, Tim Benton and Ghislaine Wood. Art Deco: 1910-1939[M]. Boston: Bulfinch, 2003.

[27] **Edited** by David Larkin and Bruce Brooks Pfeiffer. Frank Lloyd Wright: The Masterworks[M]. New. York: Rizzoli International Publications Inc., and the Frank Lloyd Wright Foundation, 1993 first published, reprinted 2000 .

[28] **Edited** by Mary Mcleod. Charlotte Perriand: An Art of living[M]. New York: Harry N. Abrams, Inc. Publishers, in association with The Architectural League of New York, 2003.

[29] **Edited** by Michael Siebenbrodt. Bauhaus Weimar Design for the Future[M]. Ostfildern-Ruit: Hatje.Cantz Publishers, 2001.

[30] **Edited** by Joanna Banham. Encyclopedia of Interior Design(2 Volume set)[M]. Chicago: Fitzroy Dearborn Publishers, 1997.

[31] **Edward** Hollamby. Red House: Bexleyheath, 1859 Philip Webb(Architecture Detail)[M]. London: Phaidon Press Ltd, 1997.

[32] **Edward** R. Bosley. Gamble House: Greene and Greene[M]. London: Phaidon Press Ltd, New edition, 2002.

[33] **Elizabeth** Wilhide. The Mackintosh Style: Design and Decor[M]. San Francisco: Chronicle Books, 1998.

[34] **Eric** Larrabee, Massimo Vignelli. Knoll Design[M]. New York: Harry N. Abrams. 2nd edition.1990.

[35] **Frank** Whitford. Bauhaus[M]. London: Thames & Hudson, Reprint edition, 1988.

[36] **Cristina** Montes, Aurora Cuito. Gaudi: Obra Completa /Complete Works[M]. Berlin: Feierabend Verlag, OHG, 2003.

[37] **General** Editor: Kenneth Frampton. Volume Editor: Wilfried Wang. World Architecture 1900-2000, Volume 3: Northern Europe, Central Europe and Western Europe: a Critical Mosaic[M]. Beijing: China Architecture & Building Press, Wien: Springer-Verlag, 2000.

[38] **George** H. Marcus. Le Corbusier: Inside the Machine for Living[M]. New York: The Monacelli Press, Inc., 2001.

[39] **Hans** Engels, Ulf Meyer. Bauhaus-Architecture/Bauhaus-Architektur: 1919-1933[M]. München New York: Prestel Publishing, 2001.

[40] **Ida** van Zijl, Marijke Kuper . Rietveld Gerrit : The Complete Works 1888-1964[M]. Utrecht : Centraal Museum Utrecht, The Netherlands, 1992.

[41] **James** C. Massey, Shirley Maxwell. Arts and Crafts Design in America: A State-by-State Guide[M]. San Francisco: Chronicle Books, 1998.

[42] **James** Steele. Barnsdall House[M]. London: Phaidon Press, 1992.

[43] **James** Steele. Eames House: Charles and Ray Eames[M]. London: Phaidon Press, 2002.

[44] **Jay** Pridmore, Hedrich Blessing, Chicago Architecture Foundation. The Auditorium Building[M]. California: Pomegranate Communications, 2003.

[45] **Jayne** Merkel. Eero Saarinen[M]. London: Phaidon, 2005.

[46] **John** Ruskin. The Seven Lamps of Architecture[M]. New York: Dover Publications, INC., 1989.

[47] **Judy** Attfield and Pat Kirkham. A View from the Interior: Feminism, Women and Design[M]. Toronto: Women's Press Ltd, 2nd Edition, 1998.

[48] **Kathryn** Biship Eckert. The Campus Guide: Cranbrook[M]. New York: Princeton Architectural. Press, 2001.

[49] **Klause**-Jürgen Sembach. Art Nouveau[M]. Köln: Taschen, 2002.

[50] **Lionel** Lambourne. The Aesthetic Movement[M]. London: Phaidon Press Limited, 1996.

[51] **Mark** Major, Jonathan Speirs, Anthony Tischhauser. Made of Light: The Art of Light and Architecture[M]. Basel: Birkhäuser-Publishers for Architecture, 2005.

[52] **Marianne** Aav and Nina Stritzler-Levine, Editors. Finnish Modern Design: Utopian Ideals and Everyday Realities, 1930-1997[M]. New Haven and London: The Bard Graduate Center for Studies in the Decorative Arts and Yale University Press, 1998.

[53] **Mexiko** Archäologischer Reiseführer[M]. Köln: Verlag Karl Müller GmbH, 2001.

[54] **Pamela** Todd, Chris Tubbs. William Morris and the Arts and Crafts Home[M]. San Francisco: Chronicle Books, 2005.

[55] **Patricia** Bayer. Art Deco Interiors: Decoration and Design Classics of the 1920s and 1930s[M]. London: Thames & Hudson, 1998.

[56] **Peter** Lizon. Villa Tugendhat in Brno: An International Landmark of Modernism[M]. Knoxville: University of Tennessee Press, 1997.

[57] **Rob** Nijsse. Glass in Structures: Elements, Concepts, Designs[M]. Basel: Birkhäuser, 2003.

[58] **Stanley** Baron, Jacques Damase. Sonia Delaunay: The Life of an Artist[M]. New York: Pub Overstock Unlimited, Inc,. 1995.

[59] **Steven** Parissien. Pennsylvania Station: Mckim, Mead and White[M]. London: Phaidon Press Ltd, 1996.

[60] **Stuart** Durant. Palais des Machines Paris: Ferdinand Dutert[M]. London: Phaidon Press Ltd, 1994.

[61] **S.Umberto** Barbieri & Leen van Duin(Editors). A Hundred years of Dutch Architecture 1901-2000[M]. Rotterdam : Nai Publishers, in cooperation with Sun Publishers, 2003.

[62] **Tal** Der Könige. Köln: Verlag Karl Müller GmbH, 1996.

[63] **Text** by Kenneth Frampton, Edited and photographed by Yukio Futagawa. Modern Architecture 1920-1945[M]. Tokyo: A. D. A. EDITA Tokyo, 1998 first printed, 2004 2nd reprinted.

[64] **Thomas** Föhl, Michael Siebenbrodt and others. The Bauhaus-Museum[M]. München, Berlin: Deutscher Kunstverlag, 1999.

[65] **Ulrich** Conrads Programs and Manifestoes on 20th-Century Architecture[M]. Cambridge: The MIT Press, 1975.

[66] **Wendy** Hitchmough. The Homestead: CFA Voysey[M]. London: Phaidon Press Ltd, 1994.

[67] **Werner** Oechs. Otto Wagner, Adolf Loos, and the Road to Modern Architecture[M].

West Nyack: Cambridge University Press, 2002.

[68] **William** Smock. The Bauhaus Ideal: Then and Now: An Illustrated Guide to Modernist Design and Its Legacy[M]. Chicago : Academy Chicago Publishers, 2004.

外文期刊

[69] **Alfred** H. Barr, Jr. Papers in The Museum of Modern Art Archives[J]. New York: The Museum of Modern Art, 2006.

[70] **Bridget** May. Nancy Vincent McClelland (1877-1959): Professionalizing Interior Decoration in the Early Twentieth Century[J]. Journal of Design History Vol.21: 59-74. Oxford University Press, 2008.

[71] **Dan** Gruickshank. Good Godwin[J]. The Architectural Review. February, 2002: 74-78.

[72] **Domus**[J]，No. 640, Jun. 1983:22-29.

[73] **Grace** Lees-Maffei. Introduction: Professionalization as a Focus in Interior Design History[J]. Journal of Design History Vol.21. Oxford University Press, 2008:1-18.

[74] **Ledes**，Allison Eckardt. Candace Wheeler, designer and reformer[J]. The Magazine Antiques, Oct.2001.

[75] **Nicolai** Ouroussoff. La Maison de Verre: The best house in Paris[J]. The New York Times, 2007.8.

[76] **Pekka** Suhonen. Respect for Man and Nature: Tapio Wirkkala and His Work[J]. Form Function Finland special double issue , 2000/3-4:54-82.

[77] **Penny** Sparke. The ‘Ideal’ and ‘Real’ Interior in Elsie de Wolfe’s The House in Good Taste of 1913[J]. Journal of Design History Vol.16, Oxford University Press, 2003:63-76.

中文译著（按出版时间排序）

[78] （英）弗兰克·惠特福德著. 包豪斯[M]. 林鹤译. 北京：生活·读书·新知三联书店，2001.

[79] （英）德扬·苏季奇等. 20世纪名流别墅[M]. 北京：中国建筑工业出版社，2002.

[80] （美）肯尼斯·弗兰姆普顿. 现代建筑：一部批判的历史[M]. 张钦楠等译. 北京：生活·读书·新知三联书店，2004.

[81] （英）尼古拉斯·佩夫斯纳著. 现代设计的先驱者——从威廉·莫里斯到格罗皮乌斯[M]. 王申祜，王晓京译. 北京：中国建筑工业出版社，2004.

[82] （英）G. L. 斯特雷奇著. 维多利亚女王——"日不落帝国"缔造者的一生[M]. 罗卫平译. 贵阳：贵州人民出版社，2004.

[83] （西）帕科·阿森修编著. 奥托·瓦格纳与古斯塔夫·克里姆特[M]. 王伟译. 西安：陕西师范大学出版社，2004.

[84] （美）阿琳·桑德森编. 赖特建筑作品与导游（原第三版）[M]. 陈建平译. 北京：中国水利水电出版社，知识产权出版社，2005.

[85] （芬）约兰·希尔特编著. 阿尔瓦·阿尔托：设计精品[M]. 何捷，陈欣欣译. 北京：中国建筑工业出版社，2005.

[86] （美）彭妮·斯帕克著. 设计百年——20世纪现代设计的先驱[M]. 李信，黄艳，吕莲，于娜译. 北京：中国建筑工业出版社，2005.

[87] （瑞士）斯蒂芬·赫克克里斯琴·弗·米勒著. 艾琳·格雷[M]. 曹新然译. 沈

阳：辽宁科学技术出版社，2005.

[88]（英）弗兰克·惠特福德著. 包豪斯：大师和学生们 [M]. 陈江峰，李晓隽译
．北京：艺术与设计出版社，2006.

[89]（法）Jean Jenger 著. 勒·柯布西耶：为了感动的建筑 [M]. 周嫄译. 上海：上海
人民出版社，2006.

[90]（英）约翰·罗斯金著，刘荣跃主编，建筑的七盏明灯 [M]. 张璘译. 济南：山
东画报出版社，2006.

[91]（日）柳宗悦著. 日本手工艺 [M]. 张鲁译. 桂林：广西师范大学出版社，2006.

[92]（美）威托德·黎辛斯基著. 金屋、银屋、茅草屋——人类营造舒适家居生活简史 [M].
谭天译. 天津：天津大学出版社，2007.

[93]（西）Daniel Giralt-Miracle. 高迪的世界——建筑，几何和设计 [M]. 马德里：
Lunwerg Editores 伦沃格出版社，2007.

[94]（西）查尔斯·伦尼·麦金托什 Charles Rennie Mackintosh[M]. 赵云译. 北京：中
国电力出版社，2008.

中文著作（按出版时间排序）

[95] 程明主编. 世界室内设计细部图集 [M]. 上海：上海交通大学出版社，1995.

[96] 史蒂芬·科罗维著. 世界建筑细部风格设计百科 [M]. 刘念雄，邵磊译. 沈阳：
辽宁科学技术出版社，2002.

[97] 童炜钢著. 西方人眼中的东方绘画艺术 [M]. 上海：上海教育出版社，2004.

[98] 陈伟，周文姬著. 西方人眼中的东方陶瓷艺术 [M]. 上海：上海教育出版社，
2004.

[99] 刘刚编著. 外国玻璃艺术 [M]. 上海：上海书店出版社，2004.

[100] 吴焕加等. 现代主义建筑 20 讲 [M]. 上海：上海社会科学院出版社，2006.

[101] 杨子葆著，世界经典城铁建筑 [M]. 北京：生活·读书·新知三联书店，2006.

[102] 许乙弘. Art Deco 的源与流——中西"摩登建筑"关系研究 [M]. 南京：东南
大学出版社，2006.

[103] 罗大坤编著. 大师细部——家具 [M]. 北京：中国三峡出版社，2006.

[104] 方海著. 现代家具设计中的"中国主义"[M]. 北京：中国建筑工业出版社，
2007.

[105] 江户美人画的魅力——日本浮世绘名作展 [M]. 上海美术馆，2007.

中文期刊

[106] 范路."非先锋"的先锋——阿道夫·路斯及其现代性研究（上）[J]. 建
筑师.2006，2：63-72.

[107] 产品设计特稿 (汉斯格雅公司卫浴博物馆)[J]. 艺术与设计，2007，9：34-47.

[108] 最美的椅子 [J]. 产品设计. N.24 2005. 北京：艺术与设计杂志社.

[109] 光明使者——19 世纪以来百款灯盏展览 [J]. 家居主张. 2006 (9),2007 (1-12).
2008（1). 上海：上海辞书出版社，2007.

[110] 田阳,李苏萍. 奥托·瓦格纳——从古典走向现代 [J]. 雅舍 (大陆版). 2004(9).

[111] 张淑华. 19 世纪末 20 世纪初美国妇女社会改革活动述论 [J]. 泰山学院学报，
2008（2）.

重印说明

　　本书出版至今已整 10 年。回想早在 10 多年前准备这门室内设计专业选修课时发现手边资料非常缺乏，仅有的几本室内史著作基本都是按编年方式排布，导致一些人物在书中前后出现多次，这种不连贯的阅读体验会让读者产生困扰，若是将历史事件和代表人物按专题来梳理和解读，并适当加以概括和评论，也许会使学生更易理解和接受。

　　本书就是在此想法的基础上将多年的讲义补充完善而形成的，每章对应一堂课，这种主题性的历史授课方式在日后的教学实践中取得了良好的预期效果和教学反馈。由于当时的能力和精力有限，本书的内容和评述还相当粗浅，只能算抛砖引玉，有兴趣的学者可以从中挖掘出更多的引申思考和研究课题。

　　本书在 2016 年被评为住房城乡建设部土建类学科专业"十三五"规划教材，对应的西方室内设计历史课有幸被纳入到国家新闻出版署"十三五"国家重点出版物出版规划项目"建工书院大讲堂"建设中。为配合线上教学，此书作为视频课程的纸质教材得以再次印刷。此次重印没有做大的变动，主要是增加和补充了多章的注释，校正了书中少数表达错误和错别字，补充了一些人物的卒年，对参考文献和图片来源加了文献类别标注以增加学术的严谨性。另本书的插图有 300 多张，涉及众多文献资料，原图片来源没有标出所引用文献资料的页码，限于时间和条件，此次就维持原状不作补充了，特此向大家申明并表示歉意。

　　最后，再次由衷地感谢中国建筑工业出版社以及为此书付出辛劳的编辑们！

作者于 2020 年 7 月 30 日